中国式现代化｜人与自然和谐共生系列

镜泊湖水体环境遥感监测方法及应用

刘 宇 著

西安交通大學出版社
XI'AN JIAOTONG UNIVERSITY PRESS

图书在版编目(CIP)数据

镜泊湖水体环境遥感监测方法及应用 / 刘宇著.
西安 ：西安交通大学出版社，2025.2. -- ISBN 978-7-5693-3931-4

Ⅰ. X832

中国国家版本馆 CIP 数据核字第 2025BV6160 号

书　　名 镜泊湖水体环境遥感监测方法及应用
JINGPOHU SHUITI HUANJING YAOGAN JIANCE FANGFA JI YINGYONG

著　　者 刘　宇

责任编辑 王建洪

责任校对 史菲菲

装帧设计 伍　胜

出版发行 西安交通大学出版社
(西安市兴庆南路 1 号　邮政编码 710048)

网　　址 http://www.xjtupress.com

电　　话 (029)82668357　82667874(市场营销中心)
(029)82668315(总编办)

传　　真 (029)82668280

印　　刷 西安日报社印务中心

开　　本 700mm×1000mm　1/16　**印张** 12　**字数** 152 千字

版次印次 2025 年 2 月第 1 版　2025 年 2 月第 1 次印刷

书　　号 ISBN 978-7-5693-3931-4

定　　价 85.00 元

如发现印装质量问题，请与本社市场营销中心联系。
订购热线：(029)82665248　(029)82667874
投稿热线：(029)82665379　QQ：793619240
读者信箱：793619240@qq.com

前　言

镜泊湖位于黑龙江省内，是我国最大的高山堰塞湖，于2006年9月18日被联合国教科文组织评为世界地质公园。湖区控制的流域总面积约11820km^2，正常水位下（350m），水面面积约80km^2，蓄水量1.6×$10^9 m^3$，水深平均13.8m。镜泊湖年均径流量90.8m^3/s，径流总量达28.7×$10^8 m^3$。湖盆呈南浅北深的形态特征，入湖河流除牡丹江干流外，还有30余条山间河流。镜泊湖具有饮用水供给、工农业用水保障、淡水养殖、旅游开发、水力发电、防洪调蓄等多种功能，是牡丹江流域社会经济发展的重要水资源。

随着社会经济的高速发展，镜泊湖地区农业面源污染造成了湖泊一系列的生态环境问题。研究表明，镜泊湖自2004年以来处于中营养化状态，藻类大量生长，湖水透明度下降，富营养化水平略有波动。目前，镜泊湖局部水域已处于富营养化状态，对水环境的质量监测主要是依托环保部门，采用定点采样的理化分析测量方法，对pH、溶解氧、高锰酸盐指数、叶绿素、总磷、总氮等指标进行监测。这种方法监测周期较长，缺乏时空上的连续性，且费用较高，特别是对于大面积的湖体，现有测点数量稀少，代表性不够，难以全面、及时地反映镜泊湖水环境质量状况及其动态变化情况。因此，湖区迫切需要利用遥感技术对水体环境质量进行大范围、连续、动态和准确的监测，将镜泊湖水环境质量监测从定点监测发展到连续监测，从局域监测发展到大尺度监测，从静态监测发展到动态监测，从常规监测发展到预警监测。

遥感技术凭借其快速、连续、信息量大、可视化程度高等特点，在反映环境变化的连续性、空间性和规律性等方面具有明显的优势。随着全球环境问题的日益突出，遥感环境监测已受到高度重视，世界各国纷纷出台各种环境遥感计划，并发射了一系列卫星。同时，目前在轨运行的卫星传感器所能提供的数据在空间分辨率、光谱分辨率和时间分辨率上越来越高。空间分辨率已从千米级发展到亚米级，重复观测频率从以月为周期发展到以小时为周期，光谱波段涵盖了可见光、红外到微波波段，光谱分辨率从多波段发展到高光谱。遥感数据获取技术正迅速走向实时化、精确化、定量化和业务化。随着环境遥感技术的发展，国内外学者已在水环境遥感监测研究方面取得了大量成果，这为镜泊湖水环境遥感监测提供了重要的理论基础。但是，现有方法大多还属于经验性的，通常都是针对特定流域、特定时段和特定数据源，缺乏一定的普适性和实用性，特别是研究范围主要集中在富营养状态的水域，对于中营养/贫营养状态的水域研究较少。目前镜泊湖尚处于中营养状态，缺乏适合镜泊湖水环境保护实际工作需要的系统化、业务化的应用模型系统研究。本书从光学遥感的基本原理出发，有机整合水体的光学特性和遥感数据处理方法，并结合镜泊湖实例，系统地介绍了光学遥感在水环境监测中的具体应用。同时，本书在编写过程中，基本涵盖了水环境遥感应用的理论基础，并且注重理论与实际应用相结合，以便读者掌握理论知识并开展实际应用研究。

全书共 6 章，第 1 章是水环境遥感概述，阐述了内陆水环境遥感的监测概况、监测指标、评价方法及水环境遥感监测的常用数据，这些概念和原理是理解、掌握水环境遥感理论和数据处理方法的基础。第 2 章从光学遥感辐射基础出发，详细介绍了水体的光学特征及水质遥感常用的监测方法。第 3 章主要介绍水质遥感大气校正方法及 ENVI 软件大气校正步骤。第 4 章主要介绍了数据获取与预处理。第 5 章结合手持高光谱数据，采用 8 种常用方法，建立不同的镜泊湖叶绿素 a 浓度反演模型。第 6 章利用 Landsat 8 OLI 数据，建立波段组合和水体指数的叶绿素 a 浓度反演模型，并利用最优模型反演、分析镜泊湖富营养化状况。

本书成果是在黑龙江省高校基本科研业务费项目(项目编号:1454YB017)资助下完成的。同时，也得到了黑龙江省自然科学基金项目(项目编号:LH2024D018)的大力支持，在此谨向有关单位和部门表示感谢。此外，本书在写作过程中还参考了大量国内外同行和专家的研究成果，正是在他们工作的基础上，水环境遥感才能够得以发展，在此也一并向他们致谢。由于作者水平有限，书中难免出现疏漏之处，欢迎读者批评指正。

刘　宇

2025 年 2 月

目　录

第1章

概　述

1.1　内陆水体环境问题

水作为自然环境中的重要因子，是全球生态系统中最重要的基本组成要素之一。水资源的质量、数量与人类及自然环境的生存和发展密切相关。对于世界上绝大多数地区而言，水都是非常稀缺的自然资源。虽然地球上水资源的储量很大，但是海水占据了97%，淡水资源不到总量的3%。而且，接近70%的淡水资源以冰川和积雪的形式储存在南北两极和高山地区。人类可直接加以利用的淡水资源主要存在于内陆的土壤水、地下水、河流水和湖泊水当中，因此，有效准确地监测内陆水体资源，对人类生产生活意义重大。

由于社会经济的高速发展、人类活动的影响以及不合理的开发利用，全球范围内的水资源质量普遍下降，越来越多的内陆水体受到了污染。据不完全统计，我国处于不同程度富营养化状态的湖泊已达75%(吴传庆 等，2011)。湖泊生态系统结构破坏、功能退化，蓝藻水华频繁暴发，严重制约着湖泊流域地区的社会经济可持续发展，影响人民生活，并造成巨大经济损失。在某些地区，地下水的补给速率远远低于其消耗速率，使得地下水面临枯竭的危险。与此同时，不断增长的人口资源使得全球的水资源将会面临更大的挑战。因此，对水资源(尤其是淡水资源)的监测和管理是当今世界共同面临的重大问题。

中国是一个江河众多的国家，其中流域面积在100平方公里及以上的河流有近2.3万条(见表1-1)，总长度为111.46万公里；流域面积在1000平方公里及以上的河流有2221条，总长度为38.65万公里；流域面积大于等于10000平方公里的河流有228条，总长度为13.25万公里。我国河流年径流量达27000亿立方米，仅次于巴西、俄罗斯，居世界第三位。

我国河流流域内湖泊众多，流域面积1平方公里及以上的有2800多个(见表1-2)，总面积约7.8万平方公里；流域面积10平方公里及以上的有696个；流域面积100平方公里及以上的有129个；流域面积1000平方公里及以上的有10个。此外，还有数以万计的人工湖泊(水库)。天然湖泊河流与人工水体共同构成了纵横交错、星罗棋布的内陆水体系统，这些内陆水体被广泛用于生产生活的各个方面，包括农业灌溉、渔业养殖、水量调蓄、交通运输和水力发电等。我国内陆水体是全球碳循环和水循环的重要组成部分，不仅为人类生产和生活提供了必不可少的水资源，而且为维持生态系统的多样性发挥了重要作用。近些年，由于流域内旅游经济的快速发展，人类活动对流域水环境的干扰显著增强。加上流域上游的农业活动影响，部分流域生态环境遭到了破坏，内陆水体生态系统的平衡也受到了严重的影响。例如，水体富营养化、工业污染、蓝藻水华等。因此，保持内陆水体水质良好对于人类生产生活具有非常重要的意义。

表1-1　河流数量统计

流域	≥50km²/条	≥100km²/条	≥1000km²/条	≥10000km²/条
黑龙江	5110	2428	224	36
辽河	1457	791	87	13
海河	2214	892	59	8
黄河流域	4157	2061	199	17
淮河	2483	1266	86	7
长江流域	10741	5276	464	45
浙闽诸河	1301	694	53	7
珠江	3345	1685	169	12
西南西北外流区诸河	5150	2467	267	30
内流区诸河	9245	5349	613	53
合计	45203	22909	2221	228

表 1-2　湖泊数量统计

流域	≥1km²/个	≥10km²/个	≥100km²/个	≥1000km²/个
黑龙江	496	68	7	2
辽河	58	1	0	0
海河	9	3	1	0
黄河流域	144	23	3	0
淮河	68	27	8	2
长江流域	805	142	21	3
浙闽诸河	9	0	0	0
珠江	18	7	1	0
西南西北外流区诸河	206	33	8	0
内流区诸河	1052	392	80	3
合计	2865	696	129	10

1.2　水环境遥感监测概况

水环境监测是水质评价与水污染防治的重要依据。随着水体污染问题的日渐严重，水环境监测已然成为社会经济可持续发展必须要解决的重大问题，尤其是内陆水体，其水质的好坏直接影响国民生产和人们的生活。因此，准确、快捷的水质监测对内陆水体来说尤其重要。传统的水环境监测通常采用先采集水样，然后进行实验室分析的方法，即在水面上选取一些具有代表性的点，在该点处提取水样，将水样快速送至实验室进行化学分析，以得出水中各物质浓度，从而对该地区的水质和富营养化状况进行评价。其优点是对众多的水质指标能做出精确的分析和评价，缺点是不仅费时费力，不经济，而且采样点有限，只能了解采样点处的水质状况。对于大面积水域而言，这些采样点数据只具有局部和个别的代表意义，并且不能实现实时监测，即无法及时地掌握水质状况。

遥感技术凭借其实时性、动态性和宏观性等特点，已被广泛应用到了水环境监测当中。利用卫星或航空遥感信息进行大范围水质情况的空间分布及动态的定量分析，能够在一定程度上弥补水面采样监测的缺点，而且还能发现一些常规方法难以揭示的污染物排放源、迁移扩散方向、影响范围以及与清洁水混合稀释的特征，从而为查明污染物的来龙去脉，为科学地布设地面监测点提供相应的依据。遥感影像以其独特的宏观尺度，能清楚地反映流域污染现状和空间分布特征，且利用多时相遥感数据，还可以对同一流域水体污染历史和污染趋势做出研究和预测，为水资源保护和规划以及可持续发展提供动态基础数据和科学决策依据。

自然界的水体按其光学性质可分为一类水体和二类水体(Wang,2010)。一类水体主要包括开阔的大洋水体，二类水体包括海岸带水体、湖泊、河流等。二类水体周边集中了全球大部分的人口，往往是经济发展程度最高、资源开发利用最频繁、生态环境最脆弱的区域之一。工业革命以来，由于大量人为产生的营养盐进入受纳水体以及全球气候变暖的促进作用，二类水体生态系统的富营养化已经成为一个世界性的问题(Paerl et al.,2009)。水体富营养化导致水质的下降、水华的频繁发生、水生植被的大量减少、生物多样性的下降以及景观的破坏等，严重威胁着人类的健康，不利于社会和经济的可持续发展，造成了巨大的经济损失。

在开阔大洋海域，除水分子和盐离子，太阳辐射在水中进行交互作用的大部分物质来自浮游植物细胞中有机物的光合作用。在这个过程中，不仅产生了为海洋生物提供初级养分的有机物，同时海洋生态系统在新陈代谢、死亡后经微生物分解也产生了一系列的溶解和悬浮物质。光合作用过程直接依赖于浮游植物细胞中以叶绿素a为代表的色素浓度，因此，在大洋海域，光吸收混合物的浓度与叶绿素a的浓度相关，该混合物可以作为海水营养机能的一种指标，也可以作为其光学特性的参数。海洋生态系统中产生的物质（自生的）是影响该区域海水光学特性的唯一来源，因此，这样的海水被称为一类水体。

海洋一类水体的物质组成较为简单，学者对其固有光学量和表观光学量的认识较为深刻，对水质参数的估算模型较为稳定，估算精度较高，已经形成了一套较为成熟的叶绿素 a 浓度估算算法，如 SeaWiFS 的 OC4 算法（O'Reilly et al.，1998）、MODIS 的 chlor 算法（Carder et al.，2002）等。与一类水体相比，内陆水体中河流、湖泊等多属于二类水体，光学特性较为复杂，水体不仅受浮游藻类及其附属降解物质影响，而且还受外源和内生悬浮颗粒物（包括无机悬浮颗粒物和有机悬浮颗粒物）以及黄色物质（有色可溶性有机物，也称 CDOM）影响。不同区域、不同时相水体的主导物质往往不同，甚至同一湖泊不同时间水体中的物质组成都存在着较大的差别，并且，各种水体组分的相互作用导致了其遥感光谱信息的不确定性。因此，现有二类水体叶绿素 a 浓度估算模型的形式及其参数往往不同，这也导致现有的二类水体反演模型的推广应用能力不足，缺少同时满足较高精度和较强适用性的叶绿素 a 浓度估算算法（Lyu et al.，2015）。现有大气校正算法也往往只适用于特定区域，受水体悬浮物浓度的影响较大，在透明度较高水体中效果通常较好，但是在浑浊水体中，往往把水体反射信号误认为大气信号，导致大气校正结果出现负值或者异常值（Siegel et al.，2010）。以上两个关键技术环节都缺乏具有较强通用性的算法，导致水环境遥感受区域、季节等限制，难以推广应用，这也极大地限制了遥感技术在二类水体水环境监测上的应用广度和深度。

叶绿素 a 在水生藻类中所占的比例较为稳定，并且易于实验室测量。叶绿素 a 浓度是水体营养状态的重要指标，也是水质的重要表征参数。常规的野外采样、实验室分析方法可以帮助我们详细了解水体的生物化学特性，但是该方法需耗费大量的人力、物力，而且只能反映部分采样区的水质状况，无法反映大面积的水质状况。遥感技术作为传统采样方法的辅助手段，具有便捷、快速、精确、宏观的优势，其估算结果可以为管理部门提供决策支持服务。

1.3 内陆水体监测指标与评价方法

水的质量简称水质，它是指水和其中所含的杂质共同表现出来的综合特性。描述水质量的参数就是水质指标，通常用水中杂质的种类、成分和数量来表示，以此作为衡量水质的标准。水质指标项目繁多，因用途的不同而各异。其中，有的水质指标从名称上就可以看出具体的杂质成分，如汞、镉、砷、硝酸根、氰化物等；有的水质指标反映了若干杂质成分的共同影响结果，如碱度、硬度等；有的水质指标则是许多污染杂质的综合性指标，如浑浊度、生化需氧量、化学需氧量等。水质指标一般分为物理性水质指标、化学性水质指标和生物学水质指标三大类。

物理性水质指标：包括感官物理性状指标和其他物理性状指标。感官物理性状指标包括温度、色度、臭和味、浑浊度和透明度等；其他物理性指标包括固体含量、电导率和一些放射性元素等。

化学性水质指标：包括一般的化学性水质指标、有毒的化学性水质指标、有关氧平衡的水质指标、营养元素指标和金属化合物指标等。一般的化学性水质指标是指如 pH、碱度、硬度、各种阳离子含量、各种阴离子含量、总含盐量、一般有机物质含量等；有毒的化学性水质指标包括如重金属、氰化物、多环芳烃、各种农药等的含量；有关氧平衡的水质指标包括如溶解氧（DO）、化学需氧量（COD）、生化需氧量（BOD）、总需氧量（TOD）等指标；营养元素指标包括如氨氮、硝态氮、亚硝态氮、有机氮、总氮、可溶解性磷、总磷、硅等物质的含量；

金属化合物指标包括如汞、铜、铅、锌、镉、铬等物质的含量。

生物学水质指标：包括细菌总数、总大肠菌群数、各种病原菌数、病毒数等。在这些指标当中，悬浮物、有机物含量、溶解氧、pH 值、细菌污染指标以及有毒物质指标是水体污染防治工作中的常用指标。

1.3.1 内陆水体监测指标

为贯彻《中华人民共和国环境保护法》和《中华人民共和国水污染防治法》，防治水污染，保护地表水水质，客观表述地表水环境质量状况及其变化趋势，生态部制定了《地表水环境质量标准》。《地表水环境质量标准》主要用于评价全国地表水环境质量状况，包含江河、湖泊、运河、渠道、水库等具有使用功能的地表水水域。其中，地表水环境质量评价指标基本项目 24 项，地表水环境功能区达标评价按功能区划分的有关要求进行。表 1－3 指标中，水温、总氮、粪大肠菌群作为参考指标单独评价（河流总氮除外）。

湖泊、水库营养状态评价指标主要包括叶绿素 a（chl-a）、总磷（TP）、总氮（TN）、透明度（SD）和高锰酸盐指数（COD_{Mn}），共 5 项。

表 1－3 地表水环境质量标准基本项目标准限值

序号	项目	Ⅰ类	Ⅱ类	Ⅲ类	Ⅳ类	Ⅴ类
1	水温	人为造成的环境水温变化应限制在：周平均最大温升≤1℃，周平均最大温降≤2℃				
2	pH 值（无量纲）	6～9				
3	溶解氧≥	饱和率 90%（或 7.5）	6	5	3	2
4	高锰酸盐指数/(mg/L)≤	2	4	6	10	15

续表

序号	项目	Ⅰ类	Ⅱ类	Ⅲ类	Ⅳ类	Ⅴ类
5	化学需氧量(COD)/(mg/L)≤	15	15	20	30	40
6	五日生化需氧量(BOD_5)/(mg/L)≤	3	3	4	6	10
7	氨氮(NH_3-N)/(mg/L)≤	0.15	0.5	1.0	1.5	2
8	总磷(以 P 计)/(mg/L)≤	0.02(湖、库 0.01)	0.01(湖、库 0.025)	0.2(湖、库 0.05)	0.3(湖、库 0.1)	0.4(湖、库 0.2)
9	总氮(以 N 计)/(mg/L)≤	0.2	0.5	1.0	1.5	2
10	铜/(mg/L)≤	0.01	1	1	1	1
11	锌/(mg/L)≤	0.05	1	1	2	2
12	氟化物(以 F^- 计)/(mg/L)≤	1	1	1	1.5	1.5
13	硒/(mg/L)≤	0.01	0.01	0.01	0.02	0.02
14	砷/(mg/L)≤	0.05	0.05	0.05	0.1	0.1
15	汞/(mg/L)≤	0.00005	0.00005	0.0001	0.001	0.001
16	镉/(mg/L)≤	0.001	0.005	0.005	0.005	0.01
17	铬/(mg/L)≤	0.01	0.05	0.05	0.05	0.1
18	铅/(mg/L)≤	0.01	0.01	0.05	0.05	0.1
19	氰化物/(mg/L)≤	0.005	0.05	0.2	0.2	0.2
20	挥发酚/(mg/L)≤	0.002	0.002	0.005	0.01	0.1
21	石油类/(mg/L)≤	0.05	0.05	0.05	0.5	1
22	阴离子表面活性剂/(mg/L)≤	0.2	0.2	0.2	0.3	0.3
23	硫化物/(mg/L)≤	0.05	0.1	0.2	0.5	1
24	粪大肠菌群/(个/L)≤	200	2000	10000	20000	40000

（1）水温。水温，又称水体温度，即表征水体冷热程度的物理量。湖泊水温的常规监测方法通常用温度计直接测量。表层湖水最低温度一般出现在5～8时，最高水温出现在14～18时。表层水温的日变化幅度较大，且因季节和地区不同而异。中、下层湖水因水的热导率小，日变幅随深度逐渐减小。中、下层湖水变化比表层湖水的温度变化滞后。

（2）pH值。pH值，又称氢离子浓度指数（hydrogen ion concentration），是表示氢离子浓度的一种方法。它是水溶液中氢离子浓度（活度）的常用对数的负值，即 $-\lg c[H^+]$。淡水湖泊的pH值多在6.5～8.5。

（3）溶解氧（DO）。溶解氧是指溶解在水中的空气中的分子态氧，常记作DO，用每升水里氧气的毫克数表示。水中的溶解氧的含量与空气中氧的分压、水的温度有密切关系。在自然情况下，空气中的含氧量变动不大，故水温是影响溶解氧大小的主要因素，水温愈低，水中溶解氧的含量愈高。水中溶解氧的多少通常是衡量水体自净能力的一个指标，清洁地表水的溶解氧一般接近饱和。如果水体受有机、无机还原性物质污染时，溶解氧会降低。同样，如果水体中藻类生物的过量生长，溶解氧可能过于饱和。湖泊溶解氧常规监测方法通常有碘量法及其修正法、膜电极法和现场快速溶解氧仪法。

（4）高锰酸盐指数。高锰酸盐指数是指在酸性或碱性介质中，以高锰酸盐为氧化剂，处理水样时所消耗的量，用 COD_{Mn} 来表示。高锰酸盐指数是反映水体中有机和无机可氧化物质污染的常用指标，能间接反映水中有机物和部分还原性无机物的总量。水中的亚硝酸盐、亚铁盐、硫化物等还原性无机物和在此条件下可被氧化的有机物，均可消耗高锰酸钾。其常规监测方法包括酸性法和碱性法，酸性法适用于氯离子含量不超过300mg/L的水样；在水样中氯离子浓度高于300mg/L时，应采用碱性法。

(5)化学需氧量(COD)。化学需氧量是以化学方法测量水样中需要被氧化的还原性物质的量。它是表示水中还原性物质多少的一个指标。水中的还原性物质有各种有机物、亚硝酸盐、硫化物、亚铁盐等。其中,有机物是主要成分,因此,化学需氧量又往往作为衡量水中有机物质含量多少的指标。在内陆水体中,它是一个重要的而且能较快测定的有机物污染参数,化学需氧量越大,说明水体受有机物的污染越严重。随着测定水样中还原性物质以及测定方法的不同,化学需氧量(COD)测定值也不同。

(6)五日生化需氧量(BOD_5)。五日生化需氧量是指在规定条件下,微生物分解存在水中的某些可氧化物质,特别是有机物所进行的生物化学过程中消耗溶解氧的量。在 20℃标准温度下,一般有机物需要 20 天才能够基本完成在第一阶段的氧化分解过程。这在实际工作中是难以做到的,一般以 5 日作为测定 BOD 的标准时间,因而称之为五日生化需氧量,以 BOD_5 表示。BOD_5 约为二十日生化需氧量(BOD_{20})的 70%左右。其经典测定方法是稀释接种法,该方法适用于 BOD_5 大于或等于 2mg/L、最大不超过 6000mg/L 的水样;当水样 BOD_5 大于 6000mg/L 时,会因稀释带来一定的误差。

(7)氨氮。氨氮是指以氨或铵离子形式存在的化合氮,即水中以游离氨(NH_3)和铵离子($NH4^+$)形式存在的氮。氨氮是水体中的营养元素,可导致水体富营养化现象产生,是水体中的主要耗氧污染物。氨氮检测方法,通常有纳氏试剂比色法、苯酚-次氯酸盐(或水杨酸-次氯酸盐)比色法和电极法等。纳氏试剂比色法具有操作简便、灵敏等特点,但水中钙、镁和铁等金属离子、硫化物、醛和酮类、颜色,以及浑浊等会干扰测定,需做相应的预处理。苯酚-次氯酸盐比色法具灵敏、稳定等优点,其干扰情况和消除方法同纳氏试剂比色法。电极法通常不需要对水样进行预处理,并具有范围宽等优点。氨氮含量较高时,可采用蒸馏-酸滴定法。

(8)总磷(TP)。总磷是水样经消解后，各种形态的磷转变成正磷酸盐后测定的结果，以每升水样含磷毫克数计量。一般天然水中磷酸盐含量不高，化肥、冶炼、合成洗涤剂等行业的工业废水及生活污水中常含有大量的磷。磷是生物生长必需的元素之一，但水体中含磷过高(如超过 0.2mg/L)，可造成藻类及其他浮游生物迅速繁殖，甚至数量上达到有害的程度(富营养化程度)，造成湖泊、河流透明度降低，水体溶解氧量下降，水质恶化。总磷包括聚磷酸盐、有机磷和正磷酸盐三种形态。常规水中总磷的测定，通常用钼酸铵分光光度法，该方法适用于地面水、污水和工业废水，最低检出浓度为 0.01mg/L，测定上限为 0.6mg/L。

(9)总氮(TN)。总氮是水中各种形态无机和有机氮的总量，包括 NO_3^-、NO_2^- 和 NH_4^+ 等无机氮与蛋白质、氨基酸和有机胺等有机氮，以每升水含氮毫克数计算。湖泊、水库中含有超标的氮、磷类物质时，造成浮游植物繁殖旺盛，出现富营养化状态。因此，总氮常被用来衡量水体受营养物质污染的程度。其常规监测方法通常采用过硫酸钾氧化，使有机氮和无机氮化合物转变为硝酸盐后，再以紫外法、偶氮比色法以及离子色谱法或气相分子吸收法进行测定。

(10)氟化物。氟化物指含氟的有机或无机化合物，可与除 He、Ne 和 Ar 外的所有元素形成二元化合物。氟广泛存在于自然水体中，我国规定饮用水中氟浓度小于 1.0mg/L，适宜浓度为 0.5～1.0mg/L。氟化物的测定方法有氟试剂比色法、离子选择电极法、茜素磺酸锆盐比色法和离子色谱法等。其中，茜素磺酸锆盐比色法就是利用氟离子和金属锆离子形成稳定的无色化合物，使其从茜素磺酸锆盐(红色整合物)中游离出来而褪色，然后进行比色测定，该法测量误差较大；氟试剂比色法为增色反应，色度较稳定，方法灵敏。

(11)叶绿素。叶绿素是植物光合作用中的重要光合色素，它将阳光转变成能量，存在于植物细胞内的叶绿体中，反射绿光并吸收红光和蓝光，使植物呈现绿色。叶绿素有多种，其中叶绿素a是一种重要的光合色素。在浮游植物中，叶绿素a占有机物干重的1%～2%，是估算水体初级生产力和生物量的指标。常规水体叶绿素a监测方法为比色法，即将样品进行抽滤、研磨、离心、定容后置于分光光度计上，用1cm光程的比色皿进行分析。

(12)浮游植物。浮游植物是指悬浮在水体中的植物。浮游植物多半形态简单，只有一个细胞，是地球上资格相当老的一种低等生物。在淡水中，浮游植物主要是藻类，它们以单细胞、群体或丝状体的形式出现，靠太阳光和吸收水中的营养盐生活。浮游植物是测量水质的指示生物，浮游植物数量的增加，特别是蓝藻疯长和生长季节的延长就是湖泊(水库)富营养化的一个重要标志。浮游植物常规监测方法为计数法，即将样品充分摇匀，置入计数框内，在显微镜或解剖镜下进行计数。

(13)水中悬浮物。水中悬浮物指悬浮在水中的固体物质，包括不溶于水中的无机物、有机物及泥沙、黏土、微生物等。水中悬浮物含量是衡量水污染程度的指标之一，是造成水浑浊的主要原因，同时也是水体浊度、色度、气味的主要来源。其常规监测方法为重量法，即用0.45μm滤膜过滤水样，再经一定的温度和时间烘烤后得到悬浮物的含量。

(14)色度。色度是对水体进行颜色定量测定时的指标。天然水经常显示出浅黄、浅褐、黄绿等不同颜色。水体有颜色是由于溶于水的腐殖质、有机物或无机物质造成的。测定较清洁、带有黄色色调的天然水和饮用水色度，常用铂钴标准比色法，以度数表示结果，即在每升溶液中含有2mg六水合氯化钴(Ⅱ)和1mg铂[以六氯铂(Ⅳ)酸的形式]时产生的颜色为1度。此法操作简单，标准色列的色度稳定，易保存。对受工业废水污染的地表水和工业废水，可用文字描述颜色的种类和深浅程度，并以稀释倍数法测定色的强度。

(15)透明度。透明度是指湖水能使光线透过的程度，表示水的清澈情况，是水质评价指标之一。影响水体透明度大小的因素除太阳高度角外，还包括悬浮物质和浮游生物。水中的悬浮物质和浮游生物越多，对光的散射和吸收越强，透明度就越小。洁净的水是透明的。通常地下水的透明度较高，由于供水和环境条件不同，其透明度也可能不断变化。透明度常用监测方法包括铅字法和塞氏盘法，其中，铅字法适用于天然水和处理水透明度的测定；塞氏盘法则是一种现场测定透明度的方法，即利用一个白色圆盘沉入水中后，到不能看见它时的深度即为水体透明度。

(16)浑浊度。浑浊度是由于水中含有泥沙、黏土、有机物、无机物、浮游生物和微生物等悬浮物质而形成，用以表示水的清澈或浑浊程度，是衡量水质良好程度的重要指标之一。一般来说，水中的不溶解物质越多，浑浊度越高。浑浊度和色度都是水的光学性质，但它们是有区别的。色度是由于水中的溶解物质引起的，而浑浊度则是由不溶物质引起的，因此有的水体色度很高但并不浑浊，反之亦然。其常规监测方法有分光光度法、目视比浊法或浊度计法。其中，分光光度法适用于测定天然水、饮用水的浊度，最低检测浊度为 3 度。

(17)泥沙含量。泥沙，是指在土壤侵蚀过程中，随水流输移和沉积的土体、矿物岩石等固体颗粒。水中含有泥沙的多少用含沙量表示，是指单位体积水体中所含的泥沙质量的大小，以千克/立方米计。天然水体中，泥沙的运输、悬浮和沉积过程均会对泥沙含量产生影响。目前泥沙含量的测量方法主要分为直接法和间接法。直接法即通过人工直接取样的方法，利用标准采样容器在测量现场取样，对待测水样进行过滤、烘干和分离，最终称得泥沙重量。该方法由于是直接测量，测量精度高，但操作过程复杂耗时，无法高效高频率测定泥沙含量。间接法则是依据泥沙颗粒的不同物理特性，获取泥沙含量与其相应物理特性之间的相互关系进行间接的测量。针对泥沙含量，目前已经发展出电学法、声学法、光学法和图像法等多种间接测量方法。

(18)悬浮固体颗粒物。悬浮固体颗粒物是指不溶于水，并悬浮于水中的有机和无机固体污染物。例如，石油，氯化镁，钠、铁、铝或硅的氧化物，钙盐，木质素，微生物的残骸等。按其性质、粒径，悬浮固体颗粒物可分为浮上物、浮上膜、胶体和沉淀物四类。它的出现会影响水中整个化学污染物的构成，甚至会给人类健康造成一定的威胁，同时这些颗粒物在水中还会通过不断聚集造成水环境污染，甚至引发生态失衡。目前，其常规监测方法为重量法。

(19)可溶性有机物。可溶性有机物是指可溶于水的以碳水化合物、蛋白质、脂肪、氨基酸等形式存在的天然有机物质及某些其他可生物降解人工合成的有机物质。其中，有色可溶性有机物(colored dissolved organic matter，CDOM)常称为“黄色物质”，是一类含有黄腐酸和腐殖酸的溶解性有机物。CDOM可能由下列成分组成：氨基酸、糖、氨基糖、脂肪酸类、类胡萝卜素、氯纶色素、碳水化合物和酚等。可溶性有机物的常规监测方法为气相色谱法和化学分析法。

(20)溶解性总有机碳(TOC)。总有机碳是以碳的含量表示水体中有机物质总量的综合指标，结果以碳(C)的质量浓度(mg/L)表示。碳是一切有机物的共同成分，是组成有机物的主要元素。水的TOC值越高，说明水中有机物含量越高，因此，TOC可以作为评价水质有机污染的指标。近年来，国内外已研制出各种类型的TOC分析仪，其按工作原理不同，可分为燃烧氧化-非分散红外吸收法、电导法、气相色谱法、湿法氧化-非分散红外吸收法等。其中，燃烧氧化-非分散红外吸收法只需一次性转化，流程简单，重现性好，灵敏度高，因此，这种TOC分析仪为国内外使用者所广泛采用。

(21)油污染。在石油开采、炼制、贮运和使用过程中，原油和各种石油制品进入水环境而形成的污染物，是海洋环境中最常见的有机污染物。油污染主要由事故引起，如船舶（特别是油船）碰撞和翻沉、海上油井平台和水下油管泄漏等导致的溢油事故。由天然原因逸入环境的油污染数量约为人为原因的1%，环境中石油污染物最终能降解为二氧化碳和水。通常采用红外分光光度法监测油污染，最低检出标准为0.01mg/L。

1.3.2　内陆水体评价方法

1.河流断面水质评价

河流断面水质定性评价常采用单因子评价法，即根据时段内该断水面评价指标中类别最高的一项来确定。描述断面的水质类别时，常使用“符合”或“劣于”等词语。断面水质类别与水质定性评价分级的对应关系见表1－4。

表1－4　河流断面水质定性评价

水质类别	表征颜色	水质状况	水质功能类别
Ⅰ～Ⅱ类水质	蓝色	优	饮用水源地一级保护区、珍稀水生生物栖息地、鱼虾类产卵场、仔稚幼鱼的索饵场等
Ⅲ类水质	绿色	良好	饮用水源地二级保护区、鱼虾类越冬场、洄游通道、水产养殖区、游泳区
Ⅳ类水质	黄色	轻度污染	一般工业用水和人体非直接接触的娱乐用水
Ⅴ类水质	橙色	中度污染	农业用水及一般景观用水
劣Ⅴ类水质	红色	重度污染	除调节局部气候外，使用功能较差

2.流域水质评价

当河流和流域的断面总数不足5个时，计算河流、流域所有断面各评价指标浓度算术平均值，然后按照“断面水质评价”方法评价，并按表1－5指出每个断面的水质类别和水质状况。

当河流和流域的断面总数在5个及5个以上时，常采用断面水质类别比例法，即根据评价河流、流域中各水质类别的断面数占河流、流域所有评价断面总数的百分比来评价其水质状况。河流和流域的断面总数在5个及5个以上时，不做平均水质类别评价。

表1-5 河流、流域(水系)水质定性评价分级

水质类别比例	表征颜色	水质状况
Ⅰ～Ⅲ类水质比例≥90%	蓝色	优
75%≤Ⅰ～Ⅲ类水质比例<90%	绿色	良好
Ⅰ～Ⅲ类水质比例<75%，且劣Ⅴ类水质比例<20%	黄色	轻度污染
Ⅰ～Ⅲ类水质比例<75%，且20%≤劣Ⅴ类水质比例<40%	橙色	中度污染
Ⅰ～Ⅲ类水质比例<60%，且劣Ⅴ类水质比例≥40%	红色	重度污染

通常，在断面水质被评价为“优”或“良好”时，则无须评价主要污染指标。当断面水质低于Ⅲ类标准时，应按照不同指标对应水质类别的优劣，选择水质最差的三项指标作为主要污染指标。当不同指标对应的水质类别相同时，计算超标倍数，将超标指标按其超标倍数大小排列，取超标倍数最大的前三项为主要污染指标。另外，当出水断面内氰化物或铅、铬等重金属超标时，应优先将其作为主要污染指标。在确定了主要污染指标的同时，应在指标后标注该指标浓度超过Ⅲ类水质标准的倍数，即超标倍数，计算公式见式(1-1)。对于水温、pH值和溶解氧等项目，不计算超标倍数。

$$\text{超标倍数}=\frac{\text{某指标的浓度值}-\text{该指标的 Ⅲ 类水质标准}}{\text{该指标的 Ⅲ 类水质标准}} \tag{1-1}$$

当流域水质低于Ⅲ类水质标准的指标，按其超标率大小排列，一般取超标率最大的前三项为主要污染指标，超标率计算公式见式(1-2)。对于少于5个断面的河流和流域，按“主要污染指标的确定方法”确定每个断面的主要污染指标。

$$超标率=\frac{低于Ⅲ类水质标准点位个数}{点位总数}\times 100\% \quad (1-2)$$

3. 湖泊、水库评价方法

湖泊、水库单个点位的水质评价，按照“断面水质评价”方法进行。若一个湖泊、水库有多个监测点位时，应计算湖泊、水库多个点位各评价指标浓度算术平均值，然后按照“断面水质评价”方法进行评价。湖泊、水库多次监测结果的水质评价，应按时间序列分别计算各个点位各个评价指标浓度的算术平均值，再按空间序列计算湖泊、水库所有点位各个评价指标浓度的算术平均值，然后按照“断面水质评价”方法进行评价。对于大型湖泊、水库，可分不同的湖（水库）区进行水质评价，河流型水库可按照河流水质评价方法进行。

湖泊富营养化程度评价可采用综合营养状态指数法。同时，采用0～100的一系列连续数字对湖泊（水库）营养状态进行分级，见表1-6。

表1-6 湖泊富营养化程度评价表

综合营养状态指数值 $TLI(\sum)$	营养状态
$TLI(\sum)<30$	贫营养(oligotropher)
$30\leqslant TLI(\sum)\leqslant 50$	中营养(mesotropher)
$50<TLI(\sum)\leqslant 60$	轻度富营养(light eutropher)
$60<TLI(\sum)\leqslant 70$	中度富营养(middle eutropher)
$TLI(\sum)>70$	重度富营养(hyper eutropher)

综合营养状态指数计算公式如下：

$$\mathrm{TLI}(\sum) = \sum_{j=1}^{m} W_j \cdot \mathrm{TLI}(j) \tag{1-3}$$

式中，TLI($\sum$)为综合营养状态指数；W_j 为第 j 种参数的营养状态指数的相关权重；TLI(j)代表第 j 种参数的营养状态指数。

以 chl-a 作为基准参数，则第 j 种参数的归一化的相关权重计算公式为

$$\mathrm{TLI}(\sum) = \frac{{r_{ij}}^2}{\sum_{j=1}^{m} {r_{ij}}^2} \tag{1-4}$$

式中，r_{ij} 为第 j 种参数与基准参数 chl-a 的相关系数；m 为评价参数的个数。各项目营养状态指数计算公式如下：

$$\mathrm{TLI(chl\text{-}a)} = 10 \times (2.5 + 1.086\ln \mathrm{chl\text{-}a}) \tag{1-5}$$

$$\mathrm{TLI(TP)} = 10 \times (9.436 + 1.624\ln \mathrm{TP}) \tag{1-6}$$

$$\mathrm{TLI(TN)} = 10 \times (5.435 + 1.694\ln \mathrm{TN}) \tag{1-7}$$

$$\mathrm{TLI(SD)} = 10 \times (5.118 + 1.94\ln \mathrm{SD}) \tag{1-8}$$

$$\mathrm{TLI(COD_{Mn})} = 10 \times (0.109 + 2.66\ln \mathrm{COD_{Mn}}) \tag{1-9}$$

式中，chl-a 单位为 mg/m^3，SD 单位为 m，其他指标单位均为 mg/L。

中国湖泊(水库)的 chl-a 与其他参数之间的相关关系 r_{ij} 及 r_{ij}^2 见表 1-7。

表 1-7 中国湖泊(水库)部分参数与 chl-a 的相关关系 r_{ij} 及 r_{ij}^2 值

参数	chl-a	TP	TN	SD	COD_{Mn}
r_{ij}	1	0.84	0.82	−0.83	0.83
r_{ij}^2	1	0.7056	0.6724	0.6889	0.6889

1.4 水环境遥感监测的常用数据

在遥感领域，水体可划分为一类水体和二类水体。一类水体主要是大洋开阔水体，二类水体为近岸水体和内陆水体。目前，针对一类水体的反演模型较为成熟，其数据源类型也比较多；对于二类水体而言，水环境比较复杂，研究过程较为烦琐，数据质量要求相对较高。本节将围绕国内外二类水体反演所需数据源进行介绍。

1.4.1 卫星遥感数据

目前，内陆水体水环境遥感的研究方法已经较为成熟，所使用的传感器也逐渐增多。常用的卫星遥感数据包括欧洲 ENVISAT 卫星的 MERIS 数据、中巴 CBERS-2 卫星 CCD 数据、美国 Landsat 卫星的 MSS/TM/ETM+/OLI 数据、法国 SPOT 卫星的 HRG 数据、印度遥感 IRS 系统的 LISS 数据、美国 EO-1 卫星搭载的 Hyperion 数据和气象卫星 NOAA 的 AVHRR 数据，以及我国 GF-1 卫星的 PMS 数据等。另外，高分辨率商业卫星数据也为水质监测提供了更高分辨率的遥感数据，如 IKONOS 和 Quick Bird 数据的空间分辨率分别达到了 1m 和 0.61m。

近年来，高光谱数据已经被证明是估算水质参数有效的方法之一。其中，EO-1 卫星搭载的 Hyperion 成像光谱仪虽然不是专门为水质遥感监测设计的，但由于其较高的空间分辨率(30m)和光谱分辨率(242 个波段)，拓展了水环境遥感在内陆水体的反演研究。然而，高光谱数据的使用受到了其成本和高数据维数的限制(崔爱红 等，2016)。现阶段，随着叶绿素 a 浓度与红光波段、近红外波段反射率之间的相关性被证实，MERIS 和 MODIS 等多光谱数据在估算内陆水体叶绿素 a 浓度中得到了广泛的应用(Moses et al.,2009)。但是,由于 MODIS 数据较低的空间分辨率,MERIS 数据空间的不连续性,使得我们很难单独使用其中一种数据进行叶绿素 a 浓度的反演。而在利用 MERIS 数据与 MODIS 数据的互补性时,在解决相对较小的水体问题上又具有一定的挑战性(Matus-Hernández et al.,2018)。此外,这些传感器(8 位)的低信噪比在一定程度上也会影响水体的反演精度(Malahlela et al.,2018)。

随着遥感技术的发展,Landsat 卫星的 MSS 和 TM/ETM+多光谱影像逐渐应用到水质参数遥感反演中(Hassani et al.,2015)。其传感器在可见光与红外波段范围与 MODIS 数据相似,而且数据比较容易获得。由于空间分辨率优势,Landsat 数据已经展现了它在较小水体中反演水质参数优于 MODIS 和 MERIS 数据的能力(Kallio et al.,2008)。然而,Landsat 7 的仪器问题限制了它在移动藻类浓度方面的适用性。其中,2003 年 5 月 31 日,Landsat ETM+扫描行校正器(SLC)的故障使得获取的图像出现数据重叠,导致大约 22%的数据丢失。因此,在这之后获取的数据需要采用 SLC-off 模型进行校正(Yin et al.,2016)。Landsat 8 OLI(operational land imager,陆地成像仪)数据不仅改善了信噪比,并且具有 12bit 的辐射分辨率,与 Landsat ETM+数据相比,它的无条纹图像也使得在建立经验回归模型方面具有更大的潜力(Torbick et al.,2015)。Gitelson 等(2008)很早就提出关于估算 chl-a 时红色波段和近红外波段的灵敏度的假设,且最近的研究表明 Landsat 8 OLI 数据部分波段与叶绿素 a 浓度存在一定的相关性。

部分卫星传感器参数如表 1-8 所示。

表 1－8 部分卫星传感器参数

卫星	传感器	光谱范围	波段数量	空间分辨率
ENVISAT-1	MERIS	412～1050nm	15	1500m
Terra/Aqua	MODIS	400～14385nm	36	250～1000m
Landsat	MSS	500～1100nm	4	78m
	TM	450～2350nm	7	30～120m
	ETM＋	450～2350nm	8	15～30m
	OLI	433～2330nm	9	15～30m
SPOT-5	HRG	490～1780nm	4	10～20m
IRS-P6	LISS-3	520～1700nm	4	23.5m
EO-1	Hyperion	400～2500nm	242	30m
NOAA	AVHRR	550～12500nm	5	1100m
CBERS-2	CCD	150～12500nm	5	20m
Quick Bird	Quick Bird	450～900nm	4	0.61m
GF-1	PMS	450～900nm	4	2m

1.4.2 非卫星遥感数据

非卫星遥感数据包括航空遥感数据和地面实测光谱数据。航空遥感平台携带的高光谱分辨率光谱仪可在一定程度上解决卫星传感器分辨率低的问题。其中，美国 AVIRIS 数据、加拿大 CASI 数据最为常用，芬兰 AISA 数据、德国 ROSIS 数据以及中国的 OMIS 数据也已经用于内陆水质遥感研究。

地面实测光谱数据主要是应用各种地物光谱仪测得的水体光谱数据，如美国的 ASD 野外光谱仪、GER 野外光谱辐射仪等。航空遥感和地面实测光谱数据虽然具有较高的光谱分辨率，但其缺点也较为明显，主要表现在航空遥感覆盖范围小，监测成本高于卫星遥感数据；地面实测光谱数据只能获取点状数据，对于水质空间分布很难独立反演。

1.5 可遥感监测的水质指标

随着对水体光谱特征研究的深入，水环境遥感监测从定性发展到定量，可监测的水质指标也逐渐增多。根据水体内部组成物质对电磁波的吸收和散射特性，可遥感监测的水质指标可划分为光敏参数和非光敏参数两类。光敏参数是指具有明显光学特性的水质参数，主要包括叶绿素a、悬浮物和有色可溶性有机物（CDOM）等；非光敏参数是指不具有明显光学特性的水质参数，主要包括化学需氧量（COD）、生化需氧量（BOD_5）、总氮（TN）、总磷（TP）和透明度等。

总体来讲，在《地表水环境质量标准》规定的24个基本水质指标中，只有部分指标可以利用遥感技术直接或间接地进行反演监测（见表1-9），而在研究和应用中，方法比较成熟的仅有叶绿素a和悬浮物。

表1-9　部分水质遥感监测指标

序号	指标	主要反演方法
1	叶绿素a(Chl-a)	分析法、半经验方法、经验方法
2	悬浮物(SS)	分析法、半经验方法、经验方法
3	可溶性有机物(CDOM)	半经验方法
4	水温	红外劈窗方法
5	透明度(SD)	经验方法
6	化学需氧量(COD)	半经验方法
7	五日生化需氧量(BOD_5)	半经验方法
8	总磷(TP)	经验方法
9	总氮(NP)	经验方法

1.5.1 叶绿素 a

在众多水质参数中，叶绿素 a 浓度作为浮游藻类分布的指示剂以及衡量水体初级生产力和富营养化的基本指标，一直是水质遥感监测的重要参数指标。通过测定叶绿素 a 浓度表明水体中藻类现存量来评价水体富营养化程度，是目前湖泊水质监测中最常用，也是最直接有效的方法。叶绿素 a 浓度遥感监测原理是水中叶绿素 a 组分含量的差异所对应于水体一定波长范围的光谱反射率不同，其核心问题是建立水体光谱反射率与叶绿素 a 浓度间的定量关系，而不同浓度的藻类叶绿素 a 波谱特征的研究是遥感监测叶绿素 a 浓度的基础。

国内外在叶绿素 a 光谱特征、遥感估测最佳波段选择以及反演模型构造等方面开展了大量的研究工作。各种遥感数据源，包括航空高光谱数据和多光谱遥感数据广泛地应用于湖泊中叶绿素 a 的遥感监测研究。半经验和经验的方法是实际应用中使用最多的方法。国内外学者建立了一系列的叶绿素 a 反演模型和算法，并在特定的水域研究中取得了一定的成功。

研究显示，叶绿素在蓝紫光波段(400～500nm)和 670nm 附近都有吸收峰，当藻类密度较高时，水体光谱反射率曲线在这两处出现谷值，但同时由于散射作用的影响，对藻类密度变化不敏感；550～570nm 范围的反射峰是由于叶绿素和胡萝卜素弱吸收和细胞散射作用形成的，该反射峰值与色素组成有关，可以作为叶绿素定量标志(张渊智 等，2000)；因为藻青蛋白的吸收峰在 624nm 处，所以在 630nm 附近出现反射率谷值或呈肩状(疏小舟 等，2000)；685～715nm 范围反射峰的出现是含藻类水体最显著的光谱特征，其存在与否通常被认为是判定水体是否含有藻类叶绿素的依据，反射峰的位置和数值是叶绿素浓度的指示，其出现原因是水和叶绿素的吸收系数在该处达到最小。另外，不同藻类光谱特征的研究仍在进行中。

1.5.2 悬浮物

悬浮物是指水中呈固体状的不溶解物质，不仅是湖泊中重要的水质参数，也是水体污染的基本指标之一。如水中的各类矿物微粒，含铝、铁、锰、硅水合氧化物等无机物质，以及腐殖质、蛋白质等有机大分子物质。水体中悬浮物含量的多少直接影响水体的透明度、浑浊度、水色等光学性质，进而影响水在饮用、娱乐和工业方面的可用性。河口、近岸海域或内陆湖泊中悬浮物的含量较高，河口区主要表现为悬浮泥沙的作用，而内陆湖泊中还有藻类等死亡后留下的有机物质，也成为悬浮物的一部分。而且，悬浮物也是农药、可溶解氮和磷、重金属和其他污染物的载体。因此，水体中的悬浮物可以作为水体污染的指标。监测湖泊中悬浮物的浓度及其分布情况，对于湖泊水质污染的防治具有重大的意义。

内陆水体中悬浮物浓度是最先被遥感估测的水质参数，悬浮物浓度、颗粒大小和其组成是影响悬浮物光谱反射的主要因素。不同水域悬浮固体物质成分、粒径分布和浓度的不同，其相应的反射率波谱特性也有所差异。国内外学者对悬浮物浓度的遥感监测开展了大量的研究。经验、半经验和分析方法是水体悬浮物遥感监测中常用的三种方法，机载遥感数据、卫星遥感数据和地面光谱数据都广泛地应用在悬浮物遥感监测中。

由于悬浮物体的后向散射，浑浊水体通常比清澈水体的光谱反射率高，当悬浮物的浓度升高时，水体的反射率也会增大，反射峰随之向长波方向移动，称为红移。另外，水体在 0.93～1.13μm 附近对红外辐射吸收强烈，反射通量急剧衰减，反射峰移到 0.8μm 附近便终止移动。短波方向小于 0.6μm 辐射由于反射通量降低和受水分子瑞利散射效应干扰，因此其不适宜作为悬浮物浓度的判定范围。大量研究表明，650～750nm 是反射率变化最大的波长范围，悬浮物含量从0～1200mg/L，反射率从 1% 上升到 30%（Ritchie et al.，1987；Doerffer et al.，1994；Forget et al.，2001）

1.5.3 有色可溶性有机物(CDOM)

有色可溶性有机物，又称黄色物质，存在于所有水体中，是溶解性有机物的重要组成部分，是土壤和水生植物降解的产物（Kirk，1994）。国内外对黄色物质的研究都是从海洋开始的。自卡勒(Kalle)最先利用紫外线照射海水发现水体中存在黄色物质以来，很多学者对黄色物质的光学性质，尤其是其吸收特性进行了大量的研究。研究表明，对黄色物质的吸收主要集中在 550nm 之前的短波区域，光谱从紫外到可见光随波长的增加呈指数下降，长波区域的吸收系数接近为零。

1.5.4 透明度

水体透明度是反映水体清澈与浑浊程度的一个重要参数，它既能直观反映湖水清澈和混浊的程度，同时也是评价湖泊富营养化的一个重要指标。水体透明度取决于水体的光学特性，其大小与太阳辐射、光学衰减及漫射衰减系数、水体理化性质、水体组分（非生物悬浮颗粒、浮游植物、溶解性有机物）以及气象状况等诸多因子有着密切关系。

水体透明度作为一个反映水体能见度的参数，其与水质存在很好的相关性，是水库、湖泊以及地表水水质调查中不可缺少的项目。透明度大小的测量一般采用塞氏盘，这种方法已经有一百多年的历史了。但由于太阳光在湖面的反射以及操作者自身因素的影响，这种方法获取的量测值存在一定的误差。目前水深遥感主要依靠可见光波段，其原理主要基于光线对水体的透射。可见光在水体中的衰减系数越小，其对水体的穿透性就越好。衰减系数 α 和遥感“可视”水深 Z_R 之间的关系可表示为

$$\alpha = 1/Z_R \tag{1-10}$$

可见光衰减系数 α 决定了光在水体遥感中的可测深度。不同的水体，由于所含物质不同，在可见光波段有不同的衰减系数。对水中信息进行透射遥感最有效的波段在蓝色至黄色之间(0.45～0.60μm)。

1.6 镜泊湖水体概况

镜泊湖地处128°30′E～129°30′E，43°46′N～44°18′N，位于黑龙江省东南部长白山余脉，张广才岭和老爷岭之间狭谷之中，是第四纪的中晚期火山爆发，岩浆堵塞牡丹江河道而形成的火山熔岩堰塞湖泊，是中国最大的高山堰塞湖。镜泊湖距亚洲大陆东岸较近(约为250km)，所处纬度较高，属于典型的温带季风气候，夏季温差较大，天气凉爽，冬季气温较低，极端低温可达到－36.7℃，年平均气温为3.6℃。区内年降水量约为506.4mm，夏季降水占70%以上，无霜期150d左右，日照时数2600h。另外，因群山环抱、森林密布、水域辽阔，该地区也具有一些湖区独特的小气候。湖区呈西南—东北走向，蜿蜒曲折，呈“S”形(见图1-1)，湖岸多港湾，总长度约为45km，最宽处接近6km，最窄处枯水期约300m，在平均水位时(350m)，湖面面积约为80km^2，湖泊容积16×10^{8}m^3。镜泊湖最高水位多出现在每年的8月至9月，最低水位多出现在3月至4月，镜泊湖水深平均为40m，湖盆呈南浅北深的形态特征，入湖河流除牡丹江干流外，还有30余条山间河流。镜泊湖森林覆盖率达68%以上。

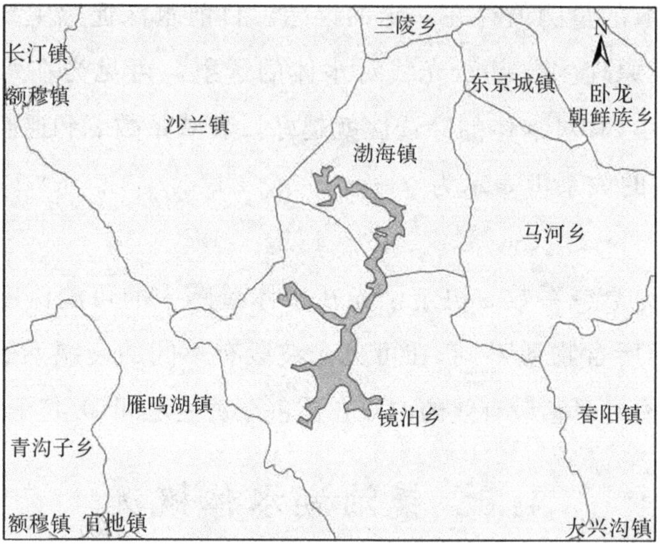

图 1-1　镜泊湖概况图

镜泊湖山脉位于长白山张广才岭与老爷岭过渡地区，属于新生代第三纪中期所形成的断陷谷地，周围多低山丘陵地貌。第四纪晚期，湖盆北部发生断裂，断块陷落部分奠定了今日湖盆基础。流域西北部的火山群自一百万年前不断喷发，形成了一条长达百余里的玄武岩台地。在现今镜泊湖电站大坝附近和沿石头甸子河断裂谷处，曾经有玄武岩溢出，熔岩流与来自西北部火山群喷发物和熔岩汇集，在吊水楼附近形成一道玄武岩堰塞堤，堵塞了牡丹江河道及其支流，形成了火山熔岩堰塞湖——镜泊湖。湖西山势起伏较大，湖东及湖南山势较平缓，湖北是熔岩台地，地势平坦。湖区北部地貌复杂，分布着大小 12 个火山口。山脉最高海拔 1260.7 米(鹿苑岛西面的老黑山)，最低海拔 339.17 米(最低水位标高)。镜泊湖地质构造结构主要为花岗岩、珍珠岩、玄武岩等。

镜泊湖不仅是该地区重要的淡水资源之一，而且位于该地区旅游景区的核心位置。近些年，由于旅游产业的不断发展和人类活动的显著增加,尤其河流上游农业的发展,使镜泊湖面临的环境压力日益增大,湖泊生态系统的平衡也受到了严重的影响。因此,通过对镜泊湖水质参数进行遥感监测,不仅可以实时、全面地了解其水质状况,同时也可以为镜泊湖开展水资源保护、旅游资源开发等提供重要的数据基础与理论依据。

第 2 章

水环境遥感的基本原理

不同类型水体，由于其内在组成成分的差异，表现出的电磁波特性也不相同。人体肉眼观察到的水体颜色是由纯水及其组成物质（主要是浮游藻类和 CDOM）在可见光 400～700nm 处的吸收和散射作用共同决定的（IOCCG，2000）。水环境遥感的目标就是要从不同特征的水体信息中获取水体中不同物质的定量信息。

水体辐射传输机理是水体光学遥感（水色遥感）的理论基础，它描述了辐射在水中传输的物理过程。水体辐射传输模型是进行水体光学遥感建模的重要工具，它基于水体辐射传输机理用模型模拟了水体辐射传输过程。当光辐射进入水体时，光与水体中的物质发生了一系列复杂的相互作用（如吸收、散射作用等），从而导致其传播的方向、波长发生变化。并且，随着水中物质的组成或浓度发生改变，反射出的水体信号也会随之发生改变。描述水体光学特性的参量包括表观光学量（APOs）和固有光学量（IPOs）两类。

水体表观光学特性不但与水体组成成分有关，而且还会受到光照条件的影响。表征表观光学特性的参数有向下辐射照度、向上辐射照度、向下辐射亮度、向上辐射亮度、辐射照度比、离水辐射率、遥感反射率等，以及这些参数的漫射衰减系数。离水辐射率、归一化离水辐射率、辐射照度比、遥感反射率等是水环境遥感的重要参数。水体固有光学特性是指与水体组成成分有关，且不随光照条件发生变化的光学特性，如水体组成成分中纯水、CDOM、浮游植物的吸收系数、散射系数等。

水体辐射传输机理就是描述水体表观光学量和固有光学量之间的关系，水体辐射传输模型就是模拟水体表观光学量和固有光学量的关系式。因此，水体光学遥感一个最主要的内容就是基于水体表观光学量和固有光学量之间的关系，由水体表观光学量反演水体组分。

2.1　水体光学遥感辐射基础

2.1.1　辐射描述

1. 辐射

自然界中的一切物体(温度高于绝对零度)都会以电磁波的方式向四周放射能量,这种传播能量的方式称为辐射。通过辐射传播的能量称为辐射能。从科学的角度来说,电磁波是能量的一种,属于一种波,就像机械波、引力波和物质波(概率波)一样,具有波长、频率等属性。不同波长的电磁波具有不同的物理性质,因此按照电磁波的波长大小的顺序把它们排列成谱系,就形成了电磁波谱。如图 2-1 所示,能够传递辐射能的电磁波波长范围很广,光学遥感常用的可见光谱波段位于 0.38～0.76μm,按波长由大到小顺序依次为红、橙、黄、绿、青、蓝、紫等各种颜色组成的光带,其中红光波长最长,紫光波长最短,其他各色光的波长则依次介于其间。波长长于红色光波的,有红外线和无线电波;波长短于紫色光波的,有紫外线,X 射线、γ 射线等,这些射线虽然不能被肉眼看见,但是用仪器可以测量出来。

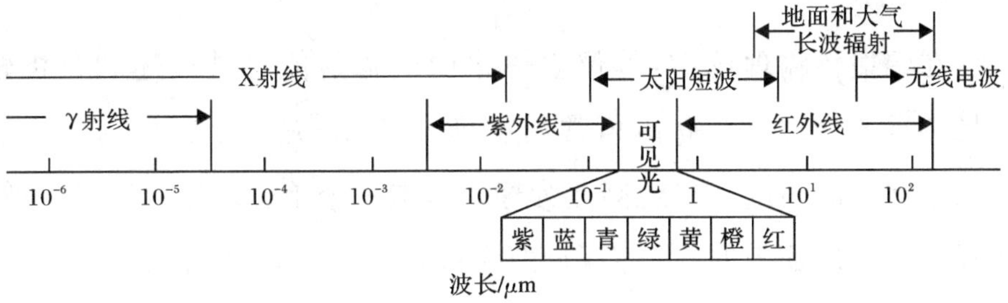

图 2-1　各种辐射的波长范围

太阳、地面和大气的辐射波长范围仅仅是上述电磁波谱的一小部分。太阳表面温度约 6000K，辐射的波长范围为 0.15～4.0μm；地球表面温度约 300K，辐射的波长范围为 3.0～80.0μm。习惯上把太阳辐射称为短波辐射，把地面和大气辐射称为长波辐射。

2. **波长**

在光学遥感中，常用电磁波波长来描述波谱范围。波长是指波在一个振动周期内传播的距离，也就是沿着波的传播方向，相邻两个振动位相相差 2π 的点之间的距离，符号为 λ，单位多用微米(μm)和纳米(nm)等。

3. **频率**

频率是单位时间内完成周期性变化的次数，是描述周期运动频繁程度的量。一个周期时间内波峰前进的距离是一个波长。这里的周期时间，实际上就是频率的倒数。频率常用符号 f 表示，单位为 Hz。

2.1.2　辐射度量学物理量

1. **立体角**

在辐射传输理论中，单位立体角内的辐射能量是描述和分析辐射场的重要物理量。立体角常用字母 Ω 表示，是一个物体对特定点的三维空间的角度。以观测点为球心构造一个单位球($r=1$)，任意物体投影到该球面上的投影面积，即为该物体对于该观测点的立体角。因此，立体角是单位球面上的一块面积。如图 2-2 所示，以 O 为圆心，半径为 r 作一个球面，从球心向球面作任意形状的锥面。锥面与球面相交的面积为 A，因此，该锥体的立体角可表示为 A/r^2。立体角

Ω 的单位为球面度 sr，整个球面面积是 $4\pi r^2$，因此整个球体的立体角为 4π。

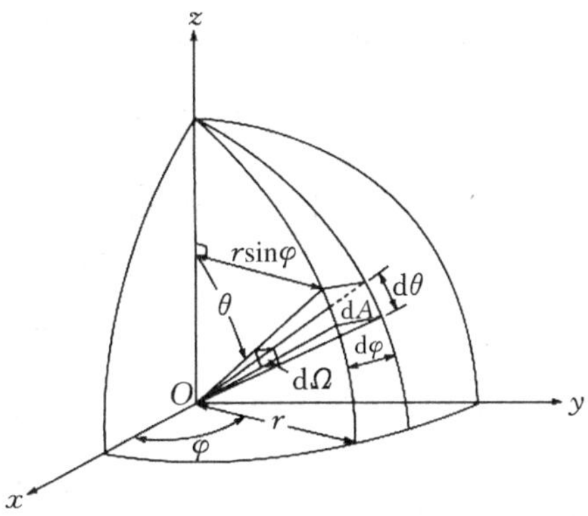

图 2-2　立体角定义(李小文，2008)

r 为球面系统的半径，即辐射距离，θ 为天顶角(方向线与 z 轴的夹角，值域范围 $0\sim\pi$)，φ 为方位角(方向线在 xy 平面投影与 x 轴的逆时针夹角)。球面面积微分 $\mathrm{d}A$ 可以由球面半径 r、天顶角 θ 和方位角 φ 来表示，即

$$\mathrm{d}A = (r\mathrm{d}\theta)(r\sin\theta\mathrm{d}\varphi) = r^2\sin\theta\mathrm{d}\theta\mathrm{d}\varphi \tag{2-1}$$

因此，得到立体角微分 $\mathrm{d}\Omega$ 的公式：

$$\mathrm{d}\Omega = \sin\theta\mathrm{d}\theta\mathrm{d}\varphi \tag{2-2}$$

2. 辐射通量

单位时间内通过某一面积的辐射能量称辐射通量，用符号 Φ 表示，单位通常为 W，计算公式如下：

$$\Phi = \lim_{\Delta t \to 0}\frac{\Delta Q}{\Delta t} = \frac{\mathrm{d}Q}{\mathrm{d}t} \tag{2-3}$$

3. 辐射强度

点辐射源向空间不同方向的辐射通量往往是不同的，因此学者们引入了辐射强度的概念。在给定方向上，单位时间内通过单位立体角的辐射能，称为辐射强度，用符号 I 表示，单位为 $W \cdot sr^{-1}$。即该方向的立体角内辐射源所发出的辐射通量 $d\Phi$ 除以该立体角 $d\Omega$，公式如下：

$$I = \frac{d\Phi}{d\Omega} \tag{2-4}$$

4. 辐射出射度

面辐射源从单位面积向半球空间（$2\pi sr$ 立体角）发出的辐射通量，则称为辐射出射度，或简称辐出度。它是描述面辐射源特性的，因此又称为辐射通量密度，用符号 M 表示，单位一般为 $W \cdot m^{-2}$。

$$M = \lim_{\Delta A \to 0} \frac{\Delta\Phi}{\Delta A} = \frac{d\Phi}{dA} \tag{2-5}$$

5. 辐射照度

某一指定表面单位面积上所接收到的辐射通量，简称辐射照度，用符号 E 表示，单位一般为 $W \cdot m^{-2}$。如果特指某个波长的辐射通量，则记为 $E(\lambda)$，单位一般为 $W \cdot m^{-2}$。

$$E = \lim_{\Delta A \to 0} \frac{\Delta\Phi}{\Delta A} = \frac{d\Phi}{dA} \tag{2-6}$$

辐射照度的计算方法与辐射出射度相同，不同的是辐射出射度 M 是指单位面积发射的辐射通量，而辐射照度 E 则表示单位面积接收到的辐射通量。

6. 辐射亮度

辐射亮度是辐射理论中最基本的概念之一。假定有一辐射源呈面状，向外辐射的强度随辐射方向不同，则辐射亮度定义为辐射源在某一方向，单位投影表面，单位立体角内的辐射通量。即辐射源面上一点在给定方向上的辐射强度 $\mathrm{d}I$ 除以该面元在垂直于给定方向的平面上的正投影面积，单位为 $\mathrm{W \cdot sr \cdot m^{-2}}$。

$$L = \frac{\mathrm{d}^2 \Phi}{\mathrm{d}A \mathrm{d}\Omega \cos\theta} \tag{2-7}$$

式中，θ 为天顶角，是辐射亮度方向与面元法线方向的夹角。辐射源向外辐射电磁波时，L 往往随天顶角 θ 变化而改变。也就是说，接收辐射的物体 θ 角不同，L 值不同。

辐射亮度如图 2-3 所示。

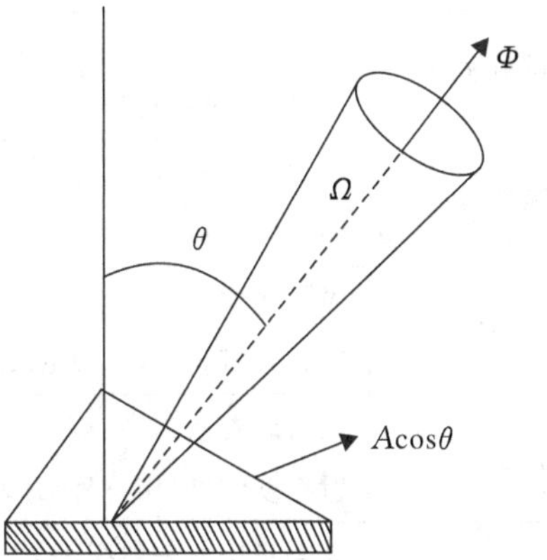

图 2-3　辐射亮度

在水体光学遥感中，最常用的辐射度量物理量主要是辐射照度和辐射亮度，主要包括 12 部分，具体见表 2-1。

表 2-1　水体光学遥感中常用的辐射度量学物理量

物理量		解释
辐射照度	大气层顶太阳辐射照度	表示入射到大气层顶的太阳辐射照度，一般用符号 F_0 表示
	水面下行辐射照度	表示入射到水面的总的向下平面辐射照度，一般用符号 E_s 表示
	水面下行直射辐射照度	表示入射到水面的太阳直射向下平面辐射照度，一般用符号 E_{dir} 表示
	水面下行漫射辐射照度	表示入射到水面的天空漫射向下平面辐射照度，等于水面下行总辐射照度减去水面下行直射辐射照度，一般用符号 E_{dif} 表示
	刚好在水面下的下行辐射照度	表示刚好处于水表面以下的向下平面辐射照度，一般用符号 $E_d(0^-)$ 表示
	刚好在水面下的上行辐射照度	表示刚好处于水表面以下的向上平面辐射照度，一般用符号 $E_u(0^-)$ 表示
	水体剖面下行辐射照度	表示处于水表面以下深度 z 处的向下平面辐射照度，一般用符号 $E_d(z)$ 表示
	水体剖面上行辐射照度	表示处于水表面以下深度 z 处的向上平面辐射照度，一般用符号 $E_u(z)$ 表示
辐射亮度	水面向上辐射亮度	表示水面表面向上的 (θ,φ) 方向的总的辐射亮度，一般用符号 $L(\theta,\varphi)$ 表示
	离水辐射亮度	是指透射入水中，被水中的物质散射出水面的辐射亮度，一般用符号 L_w 表示
	天空光反射辐射亮度	天空光反射辐射亮度大小等于天空光的气-水界面反射率与入射到水面的下行天空光辐射亮度的乘积
	水面以下向上辐射亮度	表示水体表面以下向上的 (θ,φ) 方向的辐射亮度，一般用符号 $L(z,\theta,\varphi)$ 表示

2.1.3　基本辐射定律

1. 绝对黑体

如果一个物体对于任何波长的电磁波都全部吸收，则这个物体是绝对黑体。如图 2－4 所示，投射到一个物体上的电磁波并不能全部被吸收，其中一部分被反射，还可能有一部分透过该物体。根据能量守恒定律，该物体的吸收率、反射率和透射率之和等于 1。

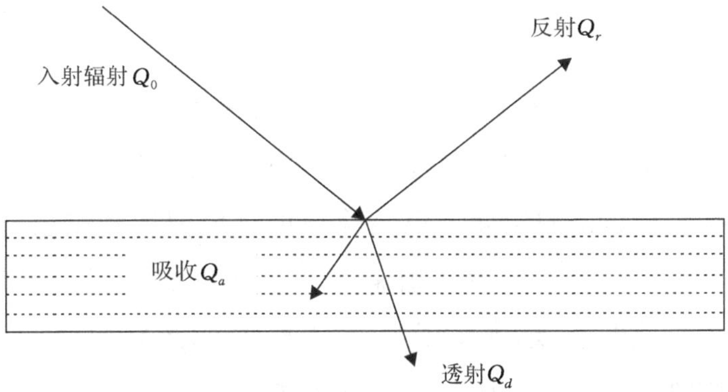

图 2－4　物体对辐射的吸收、反射与透射

实际上，由于温度、颜色、粗糙程度性质的不同，或入射电磁波的波长不同，都会导致物体出现不同的吸收和反射。表 2－2 列举了不同性质的地表对太阳辐射的反射率的变化范围。一般来说，陆地表面的平均反射率为 10％～35％，新雪面反射率最大，最高可达 95％。浅色土壤的反射率比深色土壤大，干燥土壤的反射率比潮湿土壤大，平滑表面的反射率比粗糙表面大。同时，水面反射率随太阳高度角而变，太阳高度角愈小，反射率愈大。对波浪起伏的水面来讲，反射率平均为 7％～10％。因此，即使总辐射强度一样，不同性质的下垫面得到的太阳辐射仍然有很大差别，这是地表温度分布不均匀的原因之一。

表 2-2　不同地表对太阳辐射的反射率

地表	反射率/%	地表	反射率/%
砂土	29～35	耕地	14
黏土	20	绿草地	26
浅色土	22～32	干草地	29
深色土	10～15	小麦地	10～25
黑钙土(干)	14	新雪	84～95
黑钙土(湿)	8	陈雪	46～60

绝对黑体则是指入射的电磁波全部被吸收，既没有反射，也没有透射，且与物体的温度和电磁波波长无关。黑体是一种理想的吸收体，自然界没有真正的黑体。但实验室可以近似地制作它，如内壁涂黑的小孔空腔，由于大部分入射辐射在多次反射过程中被空腔壁吸收，若小孔孔径很小，远远小于容器的表面积，这样射线即可认为被小孔全部吸收，小孔就可认为是绝对黑体。

2. 普朗克辐射定律

对于黑体辐射源，其辐射出射度(M)与温度(T)和波长(λ)的关系可由普朗克定律表示：

$$M(\lambda, T) = \frac{2\pi hc^2}{\lambda^5 (e^{hc/\lambda kT} - 1)} \tag{2-8}$$

式中，M 为辐射出射度(辐射通量密度)；λ 为波长；T 为黑体温度；h 为普朗克常数，取值为 $h = 6.626 \times 10^{-34}$ J · s；c 为光速，取值为 $c=2.998\times10^{-8}$ m · s^{-1}；k 为玻尔兹曼常数，取值为 $k=1.3806\times10^{-23}$ J/K。

3. 维恩位移定律

在一定温度下，绝对黑体的温度与辐射最大值相对应的峰值波长 λ 的乘积为一常数，即

$$\lambda_{\max} = \frac{A}{T} \tag{2-9}$$

式中，$\lambda_{\max}$ 为辐射强度最大值对应的波长；A 为常数，取值为 $A = 0.002897\mathrm{m \cdot K}$，称为维恩常量。这表明，当绝对黑体的温度升高时，辐射强度最大值向短波方向移动。维恩位移定律不仅与黑体辐射的实验曲线的短波部分相符合，而且对黑体辐射的整个能谱都符合，它是经典物理学对黑体辐射问题所能作出的最大限度的探索。

4. 斯蒂芬-玻尔兹曼定律

斯蒂芬-玻尔兹曼定律，又称斯特藩定律，即一个黑体表面单位面积在单位时间内辐射出的总能量与黑体本身的热力学温度的四次方成正比。

$$\begin{aligned} M(T) &= \int_0^{\infty} \frac{2\pi^3}{\exp(hf/kT)-1}\mathrm{d}f = \frac{2\pi k^4 T^4}{c_0^2 h^3}\int_0^{\infty}\frac{X^3}{\mathrm{e}^x - 1}\mathrm{d}X \\ &= \frac{\pi^4}{15}\frac{2\pi k^4 T^4}{c_0^2 h^3} = \sigma T^4 \end{aligned} \tag{2-10}$$

任意物体辐射能量的大小是物体表面温度的函数，斯蒂芬-玻尔兹曼定律表达了物体的这一性质。此定律将黑体的总辐射出射度与温度的定量关系表示为

$$M(T) = \sigma T^4 \tag{2-11}$$

式中，$M(T)$ 为黑体表面发射的总能量，即总辐射出射度；σ 为斯蒂芬-玻尔兹曼常数，取值为 $\sigma = 5.6697 \times 10^{-8}\mathrm{W \cdot m^{-2} \cdot K^{-4}}$。

2.2　水体的光学特性

水体光学组成成分一般包括纯水、有色可溶性有机物(chromophoric dissolved organic matter，CDOM)、浮游植物和非藻类颗粒物(Kirk，1994)。水体生物光学特性的研究包括水体成分的固有光学特性、表观光学特性的定量描述，表观光学特性与固有光学特

性之间的关系，以及表观光学特性、固有光学特性与各组成物质浓度的关系。

2.2.1 表观光学特性

表观光学特性(apparent optical properties，AOPs)，是指不但与水体组分有关，而且会随光照条件变化而变化的光学特性。表征表观光学特性的参数有向下辐射照度、向上辐射照度、向下辐射亮度、向上辐射亮度、辐射照度比、离水辐射率、遥感反射率等，以及这些参数的漫衰减系数。在水质遥感中，离水辐射率、归一化离水辐射率、辐射照度比、遥感反射率等是重要的参数。

理想的水体表观光学量受外部环境(光照条件)影响较小，而受到水体成分影响较大，这样才有利于区分不同性质的水体光学特性。同时，受限于现场的光照条件分布情况，水体表观光学量需要进行现场实时测量，而不能通过水样采集后在实验室进行测量。

除特殊说明外，水体表观光学量通常随波长 λ 和水体深度 z 变化而变化，刚好在水体表面以上用 0^+ 表示，刚好在水体表面以下用 0^- 表示。水体光学遥感中，常用的表观光学量主要包括以下四类。

1. 水面遥感反射率

水面遥感反射率(remote sensing reflectance，RSR)是刚好在水体表面上的离水辐射亮度 $L_w(\lambda)$ 与下行辐射照度 $E_s(\lambda)$ 的比值，一般用符号 $R_{rs}(\lambda)$ 表示，单位为 sr^{-1}，是水体光学遥感中使用最多的水体表观光学量之一。

$$R_{rs}(\lambda)=\frac{L_w(\lambda)}{E_s(\lambda)} \tag{2-12}$$

2. 刚好在水表面下辐射照度比

刚好在水表面下辐射照度比是刚好在水表面下的上行辐射照度 $E_u(0^-,\lambda)$ 与下行辐射照度 $E_d(0^-,\lambda)$ 的比值，通常用符号 $R(0^-,\lambda)$ 表示，常被用来构建水体辐射传输模型，是水体光学遥感中常被使用的水体表观光学量之一。

$$R(0^-,\lambda)=\frac{E_u(0^-,\lambda)}{E_d(0^-,\lambda)} \tag{2-13}$$

3. 平均余弦

假设水体是水平均一的，以水表面向下的方向为正，则下行平均余弦是在给定深度(z)和波长(λ)处，所有对光谱下行辐射亮度有贡献的光子的天顶角 θ 余弦的加权平均值，一般用符号 $\bar{\mu}_d(z,\lambda)$ 表示。

$$\bar{\mu}_d(z,\lambda)=\frac{\int_{\Xi_d} L(z,\theta,\varphi,\lambda)\cos\theta \mathrm{d}\Omega}{\int_{\Xi_d} L(z,\theta,\varphi,\lambda)\mathrm{d}\Omega}=\frac{E_d(z,\lambda)}{E_{od}(z,\lambda)} \tag{2-14}$$

从式中可以看出，z 深度的下行平均余弦 $\mu_d(z,\lambda)$ 是 z 深度的下行平面辐射照度与标量辐射照度的比值。同理，上行平均余弦 $\bar{\mu}_u(z,\lambda)$ 可以表示为

$$\bar{\mu}_u(z,\lambda)=\frac{E_u(z,\lambda)}{E_{ou}(z,\lambda)} \tag{2-15}$$

平均余弦对于描述水体上行和下行光场的方向性结构来说，是一个十分有用的参数。

4. 漫衰减系数

透过大气的太阳辐射传输到自然水体中，其辐射亮度和辐射照度随深度衰减呈近似指数特征。漫衰减系数可以描述太阳辐射随深度的衰减变化，一般用符号 $K(z,\lambda)$ 表示。漫衰减系数一般包括上行辐

射照度漫衰减系数 $K_u(z,\lambda)$、下行辐射照度漫衰减系数 $K_d(z,\lambda)$、辐射亮度漫衰减系数 $K_L(z,\theta,\varphi,\lambda)$等。

水体上行辐射照度漫衰减系数 $K_u(z,\lambda)$可以记作水下深度 z 处的上行辐射照度 $E_u(z,\lambda)$与深度 z 的关系式，即

$$K_u(z,\lambda) \equiv -\frac{\mathrm{d}\ln E_u(z,\lambda)}{\mathrm{d}z} = -\frac{1}{E_u(z,\lambda)}\frac{\mathrm{d}E_u(z,\lambda)}{\mathrm{d}z} \tag{2-16}$$

水体下行辐射照度漫衰减系数 $K_d(z,\lambda)$与水体上行辐射照度漫衰减系数 $K_u(z,\lambda)$类似，可以记作水下深度 z 处的下行辐射照度 $E_d(z,\lambda)$与深度 z 的关系式，即

$$K_d(z,\lambda) \equiv -\frac{\mathrm{d}\ln E_d(z,\lambda)}{\mathrm{d}z} = -\frac{1}{E_d(z,\lambda)}\frac{\mathrm{d}E_d(z,\lambda)}{\mathrm{d}z} \tag{2-17}$$

水下深度 z 处的辐射亮度漫衰减系数 $K_L(z,\theta,\varphi,\lambda)$的关系式可表示为

$$K_L(z,\theta,\varphi,\lambda) = -\frac{1}{L(z,\theta,\varphi,\lambda)}\frac{\mathrm{d}L(z,\theta,\varphi,\lambda)}{\mathrm{d}z} \tag{2-18}$$

根据式(2－17)，z 深度的下行辐射照度 $E_d(z,\lambda)$由刚好在水面以下的下行辐射照度 $E_d(0^-,\lambda)$和 $0 \sim z$ 间隔内每个深度 z'的下行辐射照度漫衰减系数 $K_d(z',\lambda)$表示，即

$$E_d(z,\lambda) = E_d(0^-,\lambda)\exp\left(-\int_0^z K_d(z',\lambda)\mathrm{d}z'\right) \tag{2-19}$$

定义 $\overline{K}_d(z,\lambda)$为 $0 \sim z$ 的间隔内的 $K_d(z,\lambda)$的均值，则

$$\overline{K}_d(z,\lambda) = \frac{1}{z}\int_0^z K_d(z',\lambda)\mathrm{d}z' \tag{2-20}$$

则式(2－19)就可以写成：

$$E_d(z,\lambda) = E_d(0^-,\lambda)\exp(-\overline{K}_d(z,\lambda)z) \tag{2-21}$$

2.2.2　固有光学特性

水体固有光学特性(inherent optical properties,IOPs),也称为水体固有光学量,是指不随入射光场变化而变化,仅与水体成分有关的光学量(Mobley,1994)。常用的水体固有光学量主要包括纯水、CDOM、浮游植物和非藻类颗粒物的吸收系数、散射系数、光束衰减系数和体散射函数等。根据朗伯-比尔定律,水体的总光束衰减系数、吸收系数、散射系数可表示为各种光学成分光束衰减系数、吸收系数、散射系数的线性加和。

如图 2-5 所示,考虑水体的一个很小的体积 ΔV,厚度为 Δr,被一束光谱辐射量为 $\Phi_i(\lambda)$(单位为 W/nm)的准直单色光照射。入射通量 $\Phi_i(\lambda)$的一部分 $\Phi_a(\lambda)$被水体吸收,另一部分 $\Phi_s(\lambda)$在 ψ 角度被散射出来,剩余的能量 $\Phi_t(\lambda)$穿过该体积且保持原来方向。假设$\Phi_s(\lambda)$为所有方向散射的能量总和,且没有非弹性散射,那么根据能量守恒定律,有

$$\Phi_i(\lambda) = \Phi_a(\lambda) + \Phi_s(\lambda) + \Phi_t(\lambda) \tag{2-22}$$

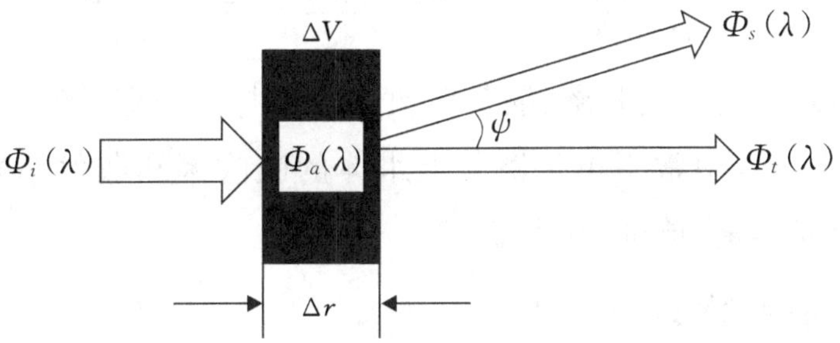

图 2-5　水体辐射传输过程

通过上述公式,可以定义辐射经过该部分水体(体积为 ΔV 和厚度为 Δr)的吸收率、散射率、透射率和衰减率。

1. 光谱的吸收率 $A(\lambda)$

光谱的吸收率 $A(\lambda)$ 为水体吸收辐射量与入射总量之比，即

$$A(\lambda)=\frac{\Phi_a(\lambda)}{\Phi_i(\lambda)} \tag{2-23}$$

2. 光谱的散射率 $B(\lambda)$

光谱的散射率 $B(\lambda)$ 为水体散射辐射量与入射总量之比，即

$$B(\lambda)=\frac{\Phi_s(\lambda)}{\Phi_i(\lambda)} \tag{2-24}$$

3. 光谱的透射率 $T(\lambda)$

光谱的透射率 $T(\lambda)$ 为穿过水体，且不改变方向的辐射量与入射总量之比，即

$$T(\lambda)=\frac{\Phi_t(\lambda)}{\Phi_i(\lambda)} \tag{2-25}$$

4. 光谱的衰减率 $C(\lambda)$

光谱的衰减率 $C(\lambda)$ 为水体衰减辐射量与入射总量之比，即

$$C(\lambda)=\frac{\Phi_c(\lambda)}{\Phi_i(\lambda)}=\frac{\Phi_a(\lambda)+\Phi_s(\lambda)}{\Phi_i(\lambda)}=\frac{\Phi_i(\lambda)-\Phi_t(\lambda)}{\Phi_i(\lambda)} \tag{2-26}$$

水体对辐射的吸收率、散射率和衰减率与光线穿过的路径 Δr 有关，因此水光学中常用单位路径上水体的吸收率和散射率来表示水体的固有光学量（单位：m^{-1}）。

5. 吸收系数 $a(\lambda)$

吸收系数 $a(\lambda)$ 表示为单位路径上的水体吸收率，也就是单位路径上入射光被吸收的比例，即

$$a(\lambda)=\lim_{\Delta r\to 0}\frac{A(\lambda)}{\Delta r}=\lim_{\Delta r\to 0}\frac{\Phi_a(\lambda)}{\Phi_i(\lambda)\Delta r}=\frac{\Phi_i(\lambda)-\Phi_i(\lambda,\mathrm{d}r)}{\Phi_i(\lambda)\mathrm{d}r}=-\frac{\mathrm{d}\Phi_i(\lambda)}{\Phi_i(\lambda)\mathrm{d}r} \tag{2-27}$$

式中，微分形式 $d\Phi_i(\lambda)$ 表示由于吸收作用导致的入射光线在单位路径上的能量变化。在经过路径的同时，$\Phi_i(\lambda)$ 能量逐渐减少，所以 $d\Phi_i(\lambda)$ 为负值，因此，需要在式前添加负号。

6. 散射系数 $b(\lambda)$

散射系数 $b(\lambda)$ 表示为单位路径上的水体散射率，也就是单位路径上入射光被散射的比例，即

$$b(\lambda)=\lim_{\Delta r\to 0}\frac{B(\lambda)}{\Delta r}=\lim_{\Delta r\to 0}\frac{\Phi_b(\lambda)}{\Phi_i(\lambda)\Delta r}=-\frac{d\Phi_i(\lambda)}{\Phi_i(\lambda)dr} \tag{2-28}$$

可以发现，散射系数 $b(\lambda)$ 的微分表示形式与吸收系数 $a(\lambda)$ 相同，同为 $d\Phi(\lambda)$。只是 $a(\lambda)$ 式中，$d\Phi(\lambda)$ 表示由吸收作用产生的入射能量的变化，$b(\lambda)$ 式中 $d\Phi(\lambda)$ 表示是由散射作用产生的入射能量变化。

7. 衰减系数 $c(\lambda)$

衰减系数 $c(\lambda)$ 表示为单位路径上的水体衰减率，也就是单位路径上入射光衰减射的比例，即

$$c(\lambda)=a(\lambda)+b(\lambda)=\lim_{\Delta r\to 0}\frac{C(\lambda)}{\Delta r}=\lim_{\Delta r\to 0}\frac{\Phi_c(\lambda)}{\Phi_i(\lambda)\Delta r}=-\frac{d\Phi_i(\lambda)}{\Phi_i(\lambda)dr} \tag{2-29}$$

需要指出的是，当用微分形式表示衰减系数时，式中 $d\Phi(\lambda)$ 表示的是由衰减作用产生的入射能量变化，是由吸收系数 $a(\lambda)$ 和散射系数 $b(\lambda)$ 共同作用决定的。假设被散射的入射光线是从某个方向 ψ 进入到以 ψ（散射角）为中心的立体角 $\Delta\Omega$ 中，$\Phi_s(\psi,\lambda)$ 为被散射到该方向的辐射通量，则单位立体角内，单位距离被散射的辐射量可用函数 $\beta(\psi,\lambda)$ 表示，即

$$\beta(\psi,\lambda)=\lim_{\Delta r\to 0}\lim_{\Delta\Omega\to 0}\frac{\Phi_s(\psi,\lambda)}{\Phi_i(\lambda)\Delta r\Delta\Omega} \tag{2-30}$$

体散射函数 $\beta(\psi,\lambda)$ 描述了散射后光谱的空间分布状况，其大小主要受散射物质粒径大小、光谱分布和复折射指数影响。

假设水中散射物质各向同性，光线为非偏振情况，则体散射函数 $\beta(\psi,\lambda)$ 在球体空间中是以入射光为轴，且对称分布的，任意方向体散射函数 $\beta(\psi,\lambda)$ 与方位角 φ 无关。对所有方向（4π）的体散射函数积分可得散射系数 $b(\lambda)$ 为

$$b(\lambda)=\int\beta(\psi,\lambda)\mathrm{d}\Omega=\int_{\varphi=0}^{2\pi}\int_{\psi=0}^{\pi}\beta(\psi,\lambda)\sin\psi\mathrm{d}\psi\mathrm{d}\varphi=2\pi\int_{\psi=0}^{\pi}\beta(\psi,\lambda)\sin\psi\mathrm{d}\psi \tag{2-31}$$

体散射可根据方向分为前向散射（$0\leqslant\psi\leqslant\pi/2$）和后向散射（$\pi/2<\psi\leqslant\pi$），则前向散射系数 $b_f(\lambda)$ 为

$$b_f(\lambda)=2\pi\int_{0}^{\pi/2}\beta(\psi,\lambda)\sin\psi\mathrm{d}\psi \tag{2-32}$$

后向散射系数 $b_b(\lambda)$ 为

$$b_b(\lambda)=2\pi\int_{\pi/2}^{\pi}\beta(\psi,\lambda)\sin\psi\mathrm{d}\psi \tag{2-33}$$

后向散射系数 $b_b(\lambda)$ 与散射系数 $b(\lambda)$ 的比值称为后向散射比例系数，即

$$\bar{b}_b(\lambda)=\frac{b_b(\lambda)}{b(\lambda)} \tag{2-34}$$

体散射函数 $\beta(\psi,\lambda)$ 与散射系数 $b(\lambda)$ 的比值称为散射相函数，即

$$P(\psi,\lambda)=\frac{\beta(\psi,\lambda)}{b(\lambda)} \tag{2-35}$$

由式（2－31）和式（2－35）可得散射相函数归一化条件，即

$$2\pi\int_{0}^{\pi}P(\psi,\lambda)\sin\psi\mathrm{d}\psi=1 \tag{2-36}$$

散射系数 $b(\lambda)$ 与光束衰减系数 $c(\lambda)$ 的比值称为单次散射反照率，即

$$\omega_0(\lambda)=\frac{b(\lambda)}{c(\lambda)} \tag{2-37}$$

当水中光束衰减主要由散射作用引起时，ω_0 的值接近于 1；当光束衰减主要由吸收作用引起时，ω_0 的值接近于 0。

根据散射前后光子能量（或光波波长）变化与否，散射作用分为弹性散射与非弹性散射，又称弹性碰撞和非弹性碰撞。散射前后光的波长（或光子能量）不发生变化，只改变方向的散射为弹性散射。当光通过介质时，从侧向接收到的散射光主要是波长（或频率）不发生变化的瑞利散射光，属于弹性散射。当使用高灵敏度和高分辨率的光谱仪时，可发现散射光中还有其他光谱成分，它们在频率坐标上对称地分布在弹性散射光的低频和高频侧，强度一般比弹性散射微弱得多。这些频率发生改变的光散射是入射光子与介质发生非弹性碰撞的结果，称为非弹性散射。水体光学遥感经常忽略非弹性散射的影响。

弹性散射和非弹性散射的区别在于在碰撞过程中，发生弹性散射的两个粒子各自保持原来的能量，没有能量的转移。发生非弹性散射的两个粒子中，能量高的粒子将部分能量传递给能量低的粒子。

弹性散射主要包括瑞利散射和米散射。通常把粒子半径比入射光波长小得多的散射称为瑞利散射。当粒子半径与入射光波长相当的时候称为米散射。瑞利散射又称分子散射，瑞利研究了线度比光的波长小的微粒的散射问题，在 1871 年提出了散射光强与波长的四次方成反比的关系，即瑞利散射光的强度 $I_s(\lambda)$ 与入射光波长 λ 的四次方成反比。

$$I_s(\lambda)\propto\frac{1}{\lambda^4} \tag{2-38}$$

按照瑞利散射定律，我们不难理解晴天时早晨阳光与中午阳光的颜色不同。入射波长越长，散射光强越小，即长波散射要小于短波散射。因为大气及尘埃对光谱上蓝紫色光的散射比红橙色光要强，故阳光透过的大气层越厚，其中蓝紫色光成分损失越多，太阳显得越红。

如图 2-6 所示，从不同粒子散射相函数的示意图中可以看出，瑞利散射的前向散射等于后向散射，米散射的前向散射明显大于后向散射。

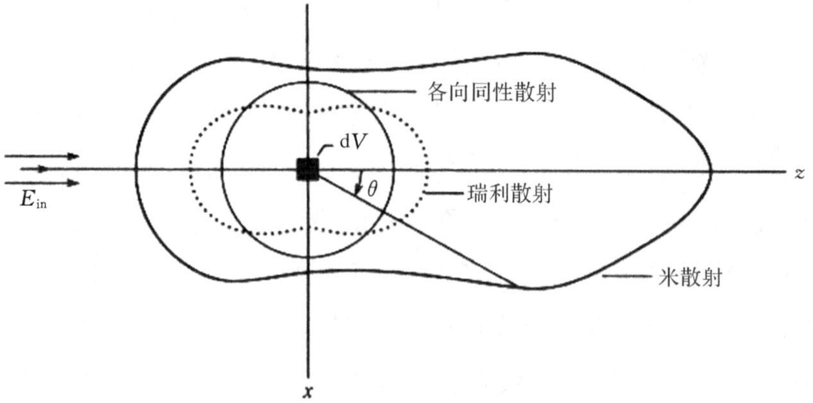

图 2-6　不同粒子散射相函数剖面示意图

吸收系数 $a(\lambda)$ 和体散射函数 $\beta(\psi,\lambda)$ 是两个最基本的水体固有光学量，其他固有光学量都可以通过它们推导得出，推导关系如图 2-7 所示。

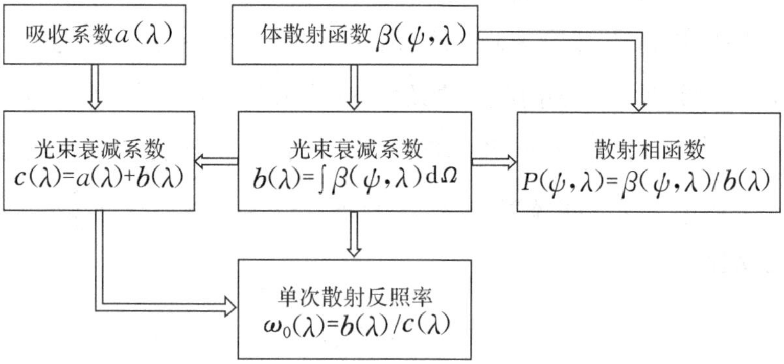

图 2-7　水体固有光学推导关系图

2.2.3 水体的光谱特征

水的光谱特征主要由水本身的物质组成决定，同时又受到水体各种理化性质的影响。在可见光波段 0.6μm 之前，水的吸收少，反射率较低，大量透射。其中，水面反射率为 5%左右，并随着太阳高度角的变化呈 3%～10%不等的变化；水体可见光反射包含水表面反射、水体底部物质反射及水中悬浮物质（浮游生物或叶绿素、泥沙及其他物质）的反射三个方面。对于清水，在蓝-绿光波段反射率为 4%～5%，0.6μm 以下的红光部分反射率降到 2%～3%，在近红外、短波红外部分几乎吸收全部的入射能量，因此水体在这两个波段的反射能量很小。这一特征与植被和土壤光谱形成十分明显的差异，因而在红外波段识别水体是较容易的。由于水在红外波段（NIR、SWIR）的强吸收，故水体的光学特征集中表现在可见光在水体中的辐射传输过程，它包括界面的反射、折射、吸收以及水中悬浮物质的多次散射（体散射特征）等。而这些过程及水体“最终”表现出的光谱特征又是由以下因素决定的，包括水面的入射辐射、水的光学性质、表面粗糙度、日照角度与观测角度、水-气界面的相对折射率等，且在某些情况下，还涉及水底反射光等。图 2-8 反映了电磁波与水体相互作用的辐射传输过程。

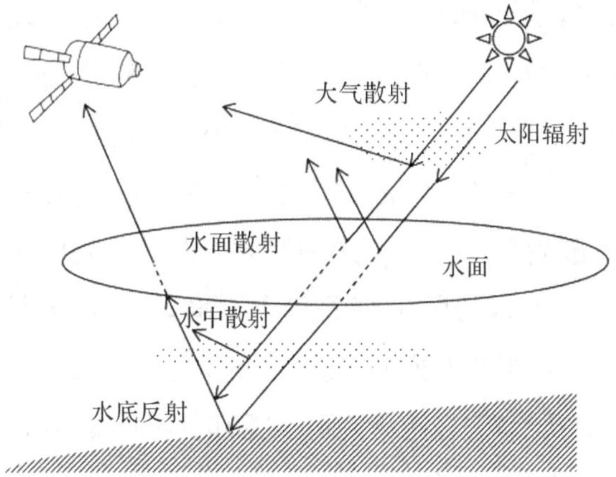

图 2-8　电磁波与水体的相互作用

从图 2－8 中可以看出，到达水面的入射光 L 包括太阳直射光和天空散射光（天空光），其中约 3.5%被水面直接反射返回大气，形成天空散射光 L_p。这种水面反射辐射带有少量水体本身的信息，它的强度与水面性质有关，如表面粗糙度、水面浮游生物、水面冰层、泡沫带等。其余的光经折射、透射进入水中，大部分被水分子所吸收和散射，以及被水中悬浮物质、浮游生物等所散射、反射、衍射形成水中散射光。水中散射光的强度与水的混浊度相关，即与悬浮粒子的浓度和大小有关（随粒径相对于光辐射波长的大小，可以产生瑞利散射和米氏散射），水体混浊度愈大，水下散射光愈强，两者呈正相关。衰减后的水中散射光部分到达水体底部（固体物质）形成底部反射光，它的强度与水深呈负相关，且随着水体混浊度的增大而减小。水中散射光的向上部分及浅水条件下的底部反射光共同组成水中光或称离水辐射。离水辐射 L_w、水面反射光 L_s、天空散射光 L_p 共同被空中探测器所接收，它们是波长、高度、入射角、观测角的函数。

$$L_w + L_s + L_p = L \tag{2-39}$$

式中，前两部分包含有水的信息，因而可以通过高空遥感手段探测水中光和水面反射光，以获得水色、水温、水面形态等信息，并由此推测浮游生物、浑浊水、污水等的质量和数量以及水面风、浪等有关信息。

上述的水体散射与反射主要出现在一定深度的水体中，称之为“体散射”。水体的光谱特性（即水色）主要表现为体散射而非表面反射。所以，与陆地特征不同，水体的光谱性质主要是通过透射率，而不仅是通过表面特征确定的，它包含了一定深度水体的信息，且这个深度及反映的光谱特性是随时空而变化的。水体的光谱特性主要取决于水体中浮游生物含量（叶绿素浓度）、悬浮固体含量（浑浊度大小）、营养盐含量（黄色物质、溶解有机物质、盐度指标），以及其他污染物、底部形态（水下地形）、水深等因素。大量研究表明，叶绿素、悬浮固体等主要水色要素的垂直分布并非均匀的。水体中的水分子和细小悬浮质(粒径远小于波长)造成大部分短波光的瑞利散射(散射系数与波长的四次方成反比,波长越短,散射越强),因此较清的水或深水体呈蓝或蓝绿色(清水光的最大透射率出现在 0.45～0.55μm,其峰值波长约 0.48μm)。

水体环境遥感监测的主要目的是利用传感器在可见光和近红外波段接收到的辐射通量值来分析水质参数,进行水质参数的遥感反演,评价水环境质量,为水环境的科学管理提供依据。水体后向散射光和水底的反射光返回到大气中,被传感器所接受,这一部分含有水色信息,是可以用来监测水质的部分,称为离水辐射(water-leaving radiances)。含有水质信息的离水辐射受到水中不同物质的影响(见图 2－9),水体中悬浮物、可溶性有机物、叶绿素等物质通过在不同波段的吸收、散射作用,造成一定波长范围反射率的显著不同,这是遥感定量监测水质的基础。水质遥感监测就是通过分析离水辐射亮度的特征推导出水中物质的组成及它们的浓度,显然,这必须对水中物质的光学特性和介质中的光学过程有比较深入的理解。

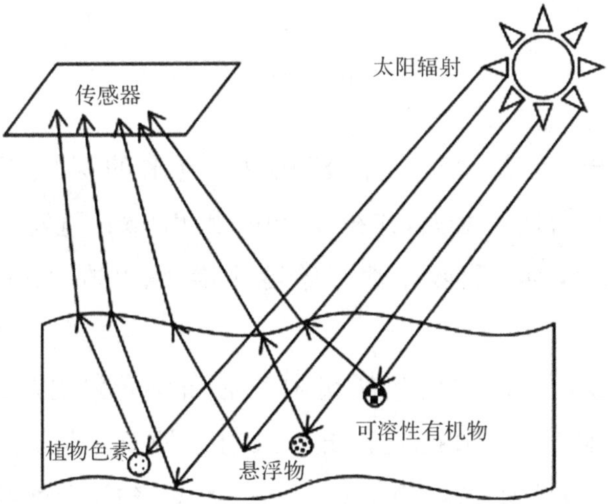

图 2－9　离水辐射受水中物质的影响

1. 纯水

纯水对传输的电磁波有吸收和散射作用，吸收作用是由水分子不同振动模态激发而形成的。纯水的吸收系数光谱较为稳定，只有波长在近红外波段的部分由于受到水体温度等因素的影响有所波动。由于测量条件和方法的差异，纯水的吸收系数光谱测量结果有所差异。根据美国航空航天局(NASA)《海洋光学规程》，纯水吸收系数光谱如图 2－10 所示。

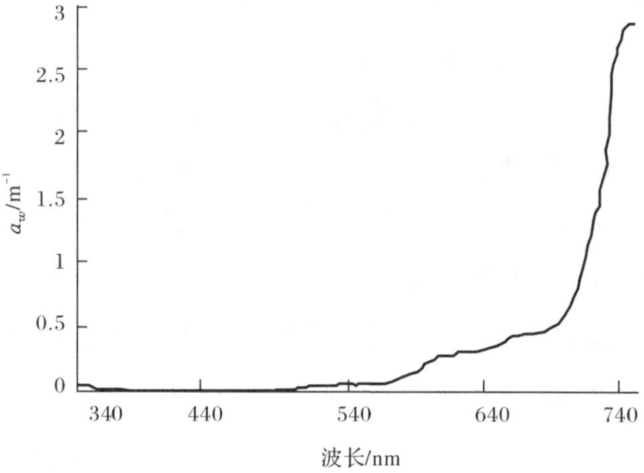

图 2－10　纯水的吸收系数光谱

可以看出，在蓝绿光波段范围内，纯水的吸收系数很低，自 580nm 附近开始逐渐增大，并在 610nm 和 670nm 两处呈肩状。而后在 690nm 附近，纯水吸收系数开始迅速增大，并在 740nm 附近形成极大值。

纯水的散射作用主要包括瑞利散射和拉曼散射。其中，拉曼散射，又称拉曼效应，其散射光波长与入射光波长不同，数值上比瑞利散射低很多，因此在水环境遥感中，经常忽略拉曼散射(Desiderio，2000)。

纯水的散射系数光谱(Hoge et al.，1988)(瑞利散射)$b_w(\lambda)$是较

为稳定的，主要受水体温度和大气压等因素的影响。与水体吸收系数光谱一样，由于测量条件和方法等的不同，散射系数光谱测量结果也有一定差异。根据 NASA《海洋光学规程》，纯水散射系数光谱如图 2－11 所示。

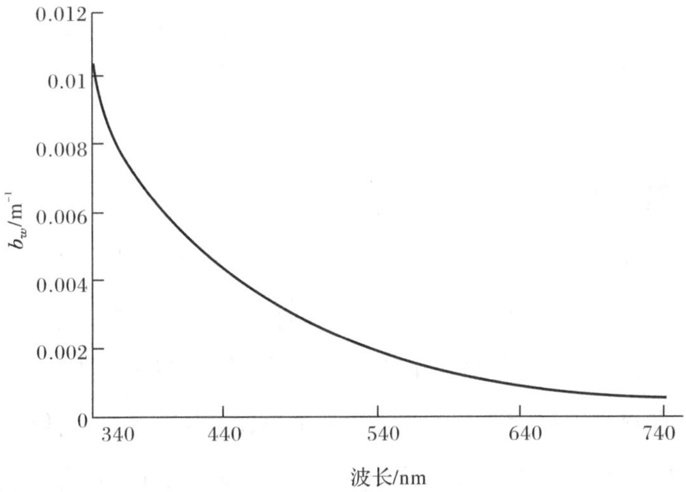

图 2－11　纯水的散射系数光谱

可以看出，纯水的散射系数随波长增加而成复指数递减。在蓝光波段，纯水的散射系数较大，而吸收系数却很小，这也解释了为什么较为纯净的水体呈现蓝色。

2. 有色溶解性有机物

有色溶解性有机物通常出现在水环境中，主要由腐烂物质所释放的单宁酸所引起，一般含有大量的腐蚀酸和富里酸，是水中溶解性有机物的一种光学上可测量的成分。当有色溶解性有机物在水中的浓度较高时，水体会呈现出黄褐色，所以也被称为黄色物质。

黄色物质对水体中的电磁波具有明显的吸收作用，其吸收系数光谱 $a_{\mathrm{CDOM}}(\lambda)$会随波长的增加而逐渐递减，因此可通过黄色物质某个波长的吸收系数来推算其浓度大小。黄色物质在蓝色到紫外的短波波段有强烈的吸收作用，而纯水在红色长波波段吸收明显。因此，不含或少含黄色物质的水体显示出蓝色。随着黄色物质的增多，水体颜色逐渐过渡到绿色、黄绿色和褐色。

由于黄色物质在水中的浓度一般不会特别高，所以它对水体的散射作用可以忽略不计。另外，黄色物质还可以产生荧光，只不过自然光激发下的荧光数值很低，在水环境遥感中，通常可以忽略其产生的影响。

3. 浮游植物

浮游植物是具有色素能吸收光能和二氧化碳进行光合作用制造有机物并释放氧气的浮游在水中的微小藻类的总称。它不仅是水域生态系统中最重要的初级生产者，而且是水中溶解氧的主要供应者。它启动了水域生态系统中的食物网，在水域生态系统的能量流动、物质循环和信息传递中起着至关重要的作用。因此，浮游植物的种类组成、群落结构和丰度变化，将直接影响水体水质、系统内能量流和物质流与生物资源变动。

浮游植物是测量水质的指示生物，一片水域水质如何，与浮游植物的丰富程度和群落组成有着密不可分的关系，浮游植物的减少或过度繁殖，将预示着水域水质正趋向恶化。例如，湖泊（水库）浮游植物数量的增加，特别是蓝藻疯长和生长季节的延长，就是湖泊富营养化的一个重要标志。

浮游植物对水体中传输的电磁波有吸收、散射和荧光作用。浮游植物也决定了水体呈现的颜色。据藻类的生物化学分析，各大门类几乎各具特殊的色素，最普遍的有叶绿素、胡萝卜素、叶黄素和藻胆素、藻红蛋白和藻青蛋白等。各门藻类所含色素不同，且这些色素因吸收不同波长的可见光导致藻体呈现的颜色迥异（Rowan，1989；Bidigare et al.，1990），如绿藻门为鲜绿色，金藻门呈金黄色，蓝藻门多为蓝绿色等。其中，最主要和最重要的色素是叶绿素。浮游植物的荧光作用就是由浮游植物色素引起的，尤其是叶绿素 a，这也是富营养化的水体呈现五彩缤纷颜色的原因所在。浮游植物的荧光作用是指浮游植物通过吸收某一波段波长的光，然后在更长的某一波长发射光的现象(Babin，2008)。

浮游植物属于悬浮颗粒物，对辐射具有散射作用。由于浮游植物的颗粒物粒径远大于可见光波长范围，故所发生的散射类型属于米散射。浮游植物散射主要受到浮游植物颗粒物粒径、形状和折射指数等因素影响(Jonasz et al.，2007；Sullivan et al.，2009)。通常情况下，浮游植物的吸收作用较强，散射作用相对较低，远低于非藻类悬浮物。

4. 非浮游植物颗粒物

非浮游植物颗粒物，又称为非藻类颗粒物，它对水体中的电磁波具有吸收和散射作用。非藻类颗粒物和浮游植物同属于悬浮颗粒物，但二者的吸收作用完全不同。浮游植物的吸收作用主要是由藻类色素引起的，因此可以通过氧化色素法去除浮游植物色素吸收的影响，进而可以得到非藻类颗粒物的吸收系数 $a_d(\lambda)$。

非藻类颗粒物和浮游植物对水体的散射作用同属于米散射。虽然二者的颗粒物粒径、形状和折射指数存在差异，但它们的散射系数光谱仍然具有一定的相似性。另外，由于自然界水体中的藻类和非藻类颗粒物区分困难，所以通常将二者的散射作用合并计算，即总悬浮物的散射系数 $b_p(\lambda)$。

2.2.4　水体的吸收与散射计算

水体总的吸收系数 $a(\lambda)$ 应该等于水体中各个组分吸收系数的总和，即

$$a(\lambda)=a_w(\lambda)+a_{ph}(\lambda)+a_d(\lambda)+a_{\mathrm{CDOM}}(\lambda) \tag{2-40}$$

式中，$a(\lambda)$为水体总的吸收系数；$a_w(\lambda)$为纯水的吸收系数；$a_{ph}(\lambda)$为浮游植物的吸收系数；$a_d(\lambda)$为非藻类颗粒物的吸收系数；$a_{\mathrm{CDOM}}(\lambda)$为有色溶解性有机物的吸收系数。

水体总的散射作用主要是由纯水与总悬浮颗粒物的散射（包括藻类和非藻类颗粒物）造成的，即

$$b(\lambda)=b_w(\lambda)+b_p(\lambda) \tag{2-41}$$

式中，$b(\lambda)$为水体总的散射系数；$b_w(\lambda)$为纯水的散射系数；$b_p(\lambda)$为总悬浮物散射系数。

通过上式，可进一步得出后向散射系数 $b_b(\lambda)$，即

$$b_b(\lambda)=b_{bw}(\lambda)+b_{bp}(\lambda)=\bar{b}_{bw}\cdot b_w(\lambda)+\bar{b}_{bp}\cdot b_p(\lambda) \tag{2-42}$$

式中，$b_b(\lambda)$为水体总的后向散射系数；$b_{bw}(\lambda)$为纯水的后向散射系数；$b_{bp}(\lambda)$为总悬浮物的后向散射系数；$\bar{b}_{bw}$为纯水的后向散射比例系数，根据瑞利散射相函数，$\bar{b}_{bw}=0.5$；$\bar{b}_{bp}$为悬浮物的后向散射比例系数，可以根据悬浮物体散射相函数计算得到，受悬浮物的颗粒物粒径、形状和折射指数等因素影响。

根据式(2-40)和式(2-42)，内陆水体的光束衰减系数 $c(\lambda)$可以表示为

$$c(\lambda)=a(\lambda)+b(\lambda)=a_w(\lambda)+a_{ph}(\lambda)+a_d(\lambda)+a_{\mathrm{CDOM}}(\lambda)+b_w(\lambda)+b_p(\lambda) \tag{2-43}$$

2.3 水质遥感常用监测方法

20 世纪 70 年代初，遥感监测技术开始应用于水体研究，从单一的水域识别逐渐发展到水质参数的定量反演。20 世纪 80 年代后，多光谱数据和高光谱数据的涌现推动了遥感技术的快速进步。随着对水质参数的光谱特性和算法研究的不断深入，水质遥感监测方法经

历了分析法、经验法、半经验半分析法、机器学习和综合法的发展历程。一般来说，算法基于辐射传输方程，通常归为分析/半分析算法，其中半分析算法需要建立一定的经验关系；算法基于统计学方法，一般归为经验/半经验算法，其中半经验算法需要一定的光谱特征分析。前者具有明确的物理意义，后者更注重统计关系的精度，相对简单，易于实现。

2.3.1　分析方法

分析法是以生物-光学模型为基础，通过辐射传输模型模拟电磁波在大气和水体中的传播过程，建立水面以下的辐射照度比值 $R(0,\lambda)$ 与水体组分内在光学特征之间的关系。水体光学特征量包括如水面遥感反射率 $R_{rs}(\lambda)$ 等的表观光学量(AOPs)，以及如吸收系数 $a(\lambda)$ 和散射系数 $b(\lambda)$ 等的固有光学量(IOPs)。水体辐射方程揭示了水体表观光学量和固有光学量之间的关系，经简化，水表面下的辐射照度比值与吸收系数和后向散射系数之间的数学关系可表示为

$$R(0,\lambda)=f\frac{b_b(\lambda)}{a(\lambda)+b_b(\lambda)} \tag{2-44}$$

式中，$R(0,\lambda)$ 为水表面波长为 λ 时的向上辐射照度与向下辐射照度之比；f 为比例系数，主要受到太阳天顶角和光场几何条件的影响；$b_b(\lambda)$ 为波长为 λ 时的总后向散射系数；$a(\lambda)$ 为波长为 λ 时的总吸收系数。其中，$a(\lambda)$、$b_b(\lambda)$ 是水中各种成分贡献的线性和，即

$$a(\lambda)=a(\lambda)_{(w)}+\sum_{i=1}^{n}a(\lambda)_i \tag{2-45}$$

$$b_b(\lambda)=b_b(\lambda)_{(w)}+\sum_{i=1}^{n}b_b(\lambda)_i \tag{2-46}$$

一般来说，只考虑叶绿素 a(以 C 表示)、悬浮物(以 X 表示)、黄色物质(以 Y 表示)，则式(2-45)可表示为

$$a(\lambda) = a(\lambda)_{(w)} + a(\lambda)_{(C)} + a(\lambda)_{(X)} + a(\lambda)_{(Y)} \quad (2-47)$$

由于黄色物质的后向散射可以忽略不计，故式(2－46)可表示为

$$b_b(\lambda) = b_b(\lambda)_{(w)} + b_b(\lambda)_{(C)} + b_b(\lambda)_{(X)} \quad (2-48)$$

各成分的吸收系数和后向散射系数与其物质浓度有关，因此，可进一步把式(2－47)和式(2－48)写成以下形式：

$$a(\lambda) = a(\lambda)_{(w)} + C \cdot a^*(\lambda)_{(C)} + X \cdot a^*(\lambda)_{(X)} + Y \cdot a^*(\lambda)_{(Y)} \quad (2-49)$$

$$b_b(\lambda) = b_{bw} b_{(w)}(\lambda) + b_{bc} b_{(C)}(\lambda) + b_{bx} b_{(X)}(\lambda) \quad (2-50)$$

式中，C、X 和 Y 分别为叶绿素 a 浓度、悬浮物浓度和黄色物质浓度；$a(\lambda)_{(w)}$、$a^*(\lambda)_{(C)}$、$a^*(\lambda)_{(X)}$ 和 $a^*(\lambda)_{(Y)}$ 分别为纯水、叶绿素 a 浓度、悬浮物浓度和黄色物质的单位吸收系数；$b_{(w)}$、$b_{(C)}$ 和 $b_{(X)}$ 分别为纯水、叶绿素 a 浓度和悬浮物浓度的体散射系数；b_{bw}、b_{bc} 和 b_{bx} 分别为纯水、叶绿素 a 浓度和悬浮物浓度的后向散射比例。

因此，在已知三种物质的散射特性(散射系数)和吸收特性(吸收系数)条件下，可以根据其浓度模拟出不同组分水体的地面反射光谱或大气顶部的反射光谱。同理，在已知不同波段的地面反射率或大气顶部的反射率时，通过建立方程组，就可以求出相对应的 C、X 和 Y 值，这种方法称为代数法。Carder 等(1991)利用该方法成功地反演了叶绿素的浓度，并取得了不错的效果。Roesler 等(1994)利用非线性方程求出 C、X 和 Y 值，并通过将获取的 C、X 和 Y 值转为辐射亮度值与卫星传感器测得的辐射亮度值做对比，建立辐射亮度差值来不断地调整 C、X 和 Y 值。

分析法具有严格的物理意义，模型稳定性好，区域适用性强，且不需要大量的同步实测水质参数作为支撑。但模型算法基于水体中水质参数的光谱特性，在初次建立模型时需要该区域的固有光学量和表观光学量信息，而这些参数信息通常需要通过实地同步观测得出，特别是固有光学参数的测量对设备和条件要求较高。其中，部分

参数信息会随研究水域的不同而发生变化（Ogashawara et al.，2017），因此分析法在水质监测实际应用中的效果并不理想。分析方法主要有生物光学模型、遗传算法、主成分分析等。

2.3.2　经验方法

经验方法是随着多光谱数据应用于水环境遥感而发展起来的一种反演方法。该方法依据遥感影像数据和地面实测数据之间的统计关系，选择最优波段或波段组建立光学测量值与地面监测的水质参数之间的最佳反演模型来计算水质参数值。其中，用到的波段组合方法包括比值、相加、相减、相乘、相除、平均和取对数等。常用的波段比值方程如公式（2-51）所示。

$$Y = a\frac{R_{rs}(\lambda_1)}{R_{rs}(\lambda_2)} + b \tag{2-51}$$

式中，Y 为水质参数（如叶绿素 a 浓度、悬浮物浓度等）；$R_{rs}(\lambda_1)$、$R_{rs}(\lambda_2)$ 分别为 λ_1、λ_2 波段的遥感反射率值；a、b 为系数值，随回归方程建模数据不同而不同。

1. 单波段模型

单波段模型的原理是通过统计分析所有波长数据，从中找出一个最合适的波长，并建立其水质参数与该最优波长处的遥感反射率的定量模型。众多研究发现，水质参数反射光谱中的反射峰或吸收谷处通常都存在着最佳的波长。Carpenter 等（1983）利用 Landsat MSS 数据，通过分析澳大利亚 3 个不同富营养化程度湖泊的水质，建立了不同波段灰度值与湖泊水质参数之间的回归方程，并取得了较好的反演效果。Vos 等（1986）利用 4 幅不同时期 MSS 数据来分析美国境内 Flaming Gorge 水库水质状况，通过建立水质参数与水面反射率之间的回归方程，结果表明 MSS_6 波段的反射率与叶绿素 a 有着较高的相关系数，R^2 值达 0.74。Ritchie（1987）利用 MSS 数据反演了美国密西西比地区月亮湖的悬浮物浓度，研究结果表明 MSS_3 波段的反射率值与悬浮物浓度的相关性最好，R^2 值可达 0.84；用辐射亮度值建立回归方程时，MSS_2 波段的辐射亮度值与悬浮物浓度的相关性最好，R^2 值达到 0.69；利用灰度值建立回归方程时，MSS_2 波段的灰度值与悬浮物的浓度相关性最好，R^2 值可达 0.66。Dekker 等(1993)利用不同时期的 TM 数据分析了荷兰境内 Loosdrecht 湖的水质状况，得出悬浮物浓度与 TM_2 波段的相关系数最高($R=0.96$)，叶绿素浓度值与 TM_2 波段的相关性也较大($R=0.93$)。国内学者黄耀欢等(2012)基于 380～900nm 范围的 MODIS 影像光谱波段数据，使用单波段法对汤逊湖进行了定量遥感反演，结果显示最优模型波段来自近红外波段附近，模型决定系数 R^2 值达到 0.705。

虽然单波段模型建立过程简单，且在一定的区域能够较好地反演出该地区的水质参数浓度值，但是由于内陆水体光学复杂性，单波段模型也在一些水域内出现反演效果一般的情况。张荣荣等(2018)利用单波段方法对琅琊山风景区水体叶绿素 a 浓度进行估测，研究结果显示最佳波段位于 630～650nm，模型决定系数 R^2 值仅为 0.504。

2. 波段比值模型

波段比值法通常是在所有波段中选取相关性最大的 2 个波段反射率计算比值建立模型，这样能够有效地提取相应的水质参数反射率信息，减少水体中其他物质以及大气和镜面反射的影响，从而提高反演的精度。此类方法也是国内外学者早期常用的方法，计算公式见式(2-52)。Baban(1993)利用 TM 影像数据反演了英国 Norfolk 平原地区的 44 个浅水湖泊的水质状况，通过分析不同波段组合与水质参数之间的相关性，结果显示 TM_3/TM_1 与叶绿素浓度的相关系数最高，R 值达到了 0.71。Tassan(1994)利用 Landsat TM 数据对亚得里亚海的北部海湾和意大利境内河流的叶绿素和悬浮物含量进行反演，结果表明叶绿素浓度的对数与 TM_1/TM_2 的对数相关性较高，R 值高达−0.95。国内学者乐成峰等(2007)运用了多种方法对太湖不同季节叶绿素 a 浓度进行了反演，结果显示波段比值法可以消除部分环境影响，是春季和秋季的最佳反演模型。胡尊英等(2009)基于 MODIS 影像数据，采用波段比值法对太湖水域进行蓝藻水华预警研究，结果发现波段比值法与目视判读结果相吻合，即波段比值法可以运用于蓝藻水华预警。解学通等(2016)利用波段比值模型对珠江口水质参数进行反演，结果显示珠江口近岸地区的叶绿素 a 浓度呈现西高东低的分布，与实际分布情况一致。

$$\frac{R_{rs}(\lambda_1)}{R_{rs}(\lambda_2)} \propto C_{\mathrm{chl.\,a}} \tag{2-52}$$

3. 光谱微分模型

光谱微分模型是由 Rundquist 等(1996)最先提出的，该方法通过分析所有波段反射率信息与水质参数的相关性，找出具有最佳波段的反射率，并计算其与相邻波段的微分值，再利用该微分值与叶绿素 a 浓度进行遥感反演，建立相应的反演模型。国内学者杨煜等(2009)运用光谱微分法对太湖水域叶绿素 a 浓度进行反演，最终选取 698nm 为一阶微分模型的最佳波段，一阶微分模型的决定系数 R^2 值为0.69，二阶微分模型的决定系数 R^2 值则达到了 0.72。光谱微分法的微分值计算公式如下：

$$R'_{rs}(\lambda_i) = \frac{R_{rs}(\lambda_{i+1}) - R_{rs}(\lambda_{i-1})}{\lambda_{i+1} - \lambda_{i-1}} \tag{2-53}$$

式中，$R'_{rs}(\lambda_i)$为波长 λ_i 的反射率一阶微分；$R_{rs}(\lambda_{i-1})$和 $R_{rs}(\lambda_{i+1})$分别为波长 λ_{i-1} 和 λ_{i+1} 处的反射率值；λ_{i-1}、λ_i 和 λ_{i+1} 为相邻波段。

经验法利用简单易用的回归模型构建相对复杂的关系，在一定程度上能提高水质反演的精度，但也存在一定的缺陷。首先，经验法容易受到地域和时间的限制，通用性较差。Darecki 等(2004)利用

SeaWiFS 数据监测了爱尔兰西部海岸和南波罗的海(二类水体),根据不同时期和不同地点分别建立了相应的回归方程,结果显示在同一地区不同时期的回归方程系数差别较大,决定系数 R^2 值相差很大(超过 0.3)。另外,在同一时间不同地点建立的回归方程也存在较大的差别。但如果分别建立不同时间、不同地点的回归方程,将明显提高水质参数的反演精度,因此针对不同湖泊、不同季节的监测都通常需要建立相应的模型。其次,经验法需要以大量实测水样数据作为基础,才能达到理想的水质反演精度。并且在实测数据的影响下,只能反演一定浓度范围内的水质参数,超出这个范围后,反演结果的误差将会明显增大。最后,经验法因缺乏物理依据作为支撑,往往导致遥感影像和水质数据的关系得不到有效保证,模型的准确性难以保障。

2.3.3 半经验方法

半经验方法是伴随着高光谱技术在水质监测中的应用而发展起来的。该方法根据水质参数的光谱特征和实测水质数据的关系选取最佳波段或波段组合,进而建立相应的最优数学统计分析模型(线性回归、指数/对数回归、多项式回归、主成分分析和聚类分析等)反演水质参数。由于半经验方法是在分析实测水质参数光谱特征的基础上,将已有信息与统计模型相结合,因此,所建立的模型兼顾到了水体组分的生物光学特性和实测数据两方面,是具有理论分析及经验统计分析的方法。目前,国内外诸多学者通过该种方法对内陆水体的水质参数(总悬浮物、叶绿素 a、黄色物质等)进行了监测和评价,并且取得了较好的反演精度。半经验方法的主要代表有三波段模型、四波段模型、NDCI 模型、WCI 模型、荧光峰位置模型和荧光峰高度模型等。

1. 三波段模型

三波段模型初期用来估算地表植被叶绿素含量。目前，国内外众多学者结合不同研究区的水体特征，建立了不同水质参数的反演算法。其中，部分水域已经得到了很好的验证。该方法的原理是利用水体中不同物质的光学特性，建立特定范围的三个波段组合与相应水质参数的相关关系，进而达到减少其他水色物质干扰的效果。三波段模型可用公式表示如下：

$$\left[\frac{1}{R_{rs}(\lambda_1)}-\frac{1}{R_{rs}(\lambda_2)}\right]\times R_{rs}(\lambda_3)\propto C \tag{2-54}$$

式中，C 表示叶绿素 a 浓度；$R_{rs}(\lambda_1)$ 和 $R_{rs}(\lambda_2)$ 分别代表 λ_1 和 λ_2 处反射率值，其中，λ_1 应选择在叶绿素 a 反射谷附近，λ_2 应选择在 700nm 附近的荧光峰波段。由于此处对悬浮物和黄色物质的吸收系数与 λ_1 位置相近，因此三波段模型可有效减小该组分对水体吸收系数的影响。λ_3 所在的位置主要是用来抵消所受后向散射的影响。三波段模型的适用性较好，并具有相对较高的验证效果。但是，不同学者选取的三个波段所在的实际位置并不完全一致。如 Gitelson 等（2003）通过分析 Chesapeake 浑浊水体光学特性发现，三个波段位置分别位于 675nm、695nm 和 730nm；而 Dall'Olmo 等（2005）通过大量的实验来确定波段位置及敏感性，研究发现 λ_1 应设置在 660～690nm，λ_2 应设置在 700～750nm，λ_3 的设置应大于 730nm。

三波段模型由于其三个波段的选择原则，能够有效地去除悬浮物、黄色物质对水体吸收系数及后向散射的影响，故具有一定的物理意义。李云亮等（2009）基于 MERIS 数据得到叶绿素 a 浓度反演的三波段组合为 665nm、709nm 和 754nm，且由此建立的反演模型的精度较高，R^2 值达到了 0.788。研究同时发现，705nm 附近的反射峰位置与叶绿素 a 浓度存在紧密的关系，峰高会随叶绿素 a 浓度的增加而增高，且反射峰位置也会向长波方向移动。杨煜等（2010）基于环境一号高光谱遥感数据对巢湖水体叶绿素 a 浓度进行了反演，结果显示，建立三波段模型的三个最优波段分别是 B_{73}、B_{74} 和 B_{81}。毕顺等（2018）基于 OLCI 数据对高原湖泊洱海进行叶绿素 a 浓度的反演，发现三波段模型是较适用于洱海的遥感估算模型，R^2 值达到了 0.661。

2. 四波段模型

在三波段模型的基础之上，Le 等（2009）通过加入第 4 个波段，建立了四波段模型。其目的是为了减弱浑浊水体悬浮物及纯水吸收和向后散射的影响。四波段模型的一般形式如下：

$$\left[\frac{1}{R_{rs}(\lambda_1)}-\frac{1}{R_{rs}(\lambda_2)}\right]\times\left[\frac{1}{R_{rs}(\lambda_4)}-\frac{1}{R_{rs}(\lambda_3)}\right]\propto C \quad (2-55)$$

式中，λ_1 与 λ_2 位置与三波段模型相同，λ_3 位置通常选择在 720～740nm，λ_4 位置通常选择在 740～780nm，具体位置可通过所建模型决定系数最优原则，迭代确定。周琳等（2011）基于高光谱数据对太湖分别建立了二波段、三波段和四波段的叶绿素 a 估算模型，结果表明，四波段模型最适合高浑浊水体，决定系数 R^2 值达到了 0.95。黄昌春等（2013）运用四波段法分别对太湖、巢湖和三峡水库建立了反演模型，模型中决定系数最高分别达到了 0.81、0.93 和 0.97。但是，其研究表明四波段法普适性较低，其中影响普适性的主导因素是后向散射系数光谱曲线形状和叶绿素比吸收系数。

3. NDCI 模型

NDCI（normalized difference chlorophyll index）模型，即归一化叶绿素指数模型，是由 Mishra 等（2012）提出的一种估算叶绿素浓度的指数方法。其是利用红外和近红外波段的遥感反射率的差值进行归一化处理，以消除不同季节太阳方位角和大气条件等因素的影响，也属于目前叶绿素 a 浓度估算应用广泛的 NIR-red 算法中的一种。相关学者的研究发现，NDCI 法具有较高的估算精度，与传统的 NIR-red 算法相比，NDCI 模型对不同月份、水域有着更好的适用性和波段选择稳定性，即不同时空和遥感数据的可移植性，并且当水体光学差异进一步扩大时，也能表现出较为稳定的性能。NDCI 模型计算公式如下：

$$\frac{R_{rs}(\lambda_2)-R_{rs}(\lambda_1)}{R_{rs}(\lambda_2)+R_{rs}(\lambda_1)} \propto C_{\text{chl. a}} \tag{2-56}$$

式中，$C_{\text{chl. a}}$为叶绿素 a 浓度值；$R_{rs}(\lambda_1)$和 $R_{rs}(\lambda_2)$分别代表波段 λ_1与 λ_2处的反射率值。其中，λ_1所在位置应选在 675nm 附近的反射谷，该处的反射谷主要是叶绿素吸收所致；λ_2所在位置应选在 700nm 附近的反射峰，该反射峰对水体中叶绿素 a 浓度含量变化较为敏感。

4. WCI 模型

WCI，即叶绿素 a 监测指数（water chlorophyll-a index，WCI），是通过借鉴地表植被叶绿素监测指数（meris terrestrial chlorophyll index，MTCI）发展而来的（王金梁，2014）。MTCI 是利用植被在 680～750nm波段上的“红边效应”（反射率的快速增加），构建的波段组合指数。MTCI 凭借其计算方法简单，应用广泛，与叶绿素 a 浓度的相关性强等特点，逐渐成为叶绿素产品的核心算法。MTCI 模型计算公式为

$$\frac{R_{rs}(\lambda_1)-R_{rs}(\lambda_2)}{R_{rs}(\lambda_2)-R_{rs}(\lambda_3)} \propto C_{\text{chl. a}} \tag{2-57}$$

式中，$R_{rs}(\lambda_1)$、$R_{rs}(\lambda_2)$和 $R_{rs}(\lambda_3)$分别代表波段 λ_1、λ_2和 λ_3处的反射率值，其中 λ_1、λ_2和 λ_3的中心波长分别为 754nm、709nm 和 680nm。

WCI 模型采用 MTCI 模型同样的公式形式，其中 λ_3波段选择在水体叶绿素 a 强吸收波段 677nm 处，即

$$\frac{R_{rs}(\lambda_1)-R_{rs}(\lambda_2)}{R_{rs}(\lambda_2)-R_{rs}(677)} \propto C_{\text{chl. a}} \tag{2-58}$$

在 WCI 模型的构建中，由于缺少了植被光谱在近红外波段上的"红边效应"，因此需重新确定 λ_1 和 λ_2 波段的位置。通常情况下，λ_1 和 λ_2 分别选取 λ_3 左、右两侧反射峰附近波段的位置。具体位置的选取方法与三波段模型类似，即按决定系数最优原则，逐步迭代选取优选波段。

5. **荧光峰位置模型**

荧光峰是由于植物色素的荧光效应所引起的反射峰，并且大量实验结果表明，叶绿素 a 浓度与该反射峰的位置存在幂函数关系，叶绿素 a 浓度增加，不仅峰高随之上升，反射峰所在的位置也会向长波方向移动。因此，通过该波段反射峰的位置来判断叶绿素 a 浓度具有一定的可行性。Zhao 等(2010)通过分析 400～750nm 反射率光谱与叶绿素 a 浓度的相关性，结果显示叶绿素浓度在 3mg/L 至 100mg/L 区间时，荧光峰位置相应地从 680nm 向 715nm 变化，并且荧光峰高度逐渐增加。李云亮等(2009)利用反射峰位置法对太湖的叶绿素 a 浓度进行了反演，结果显示在 705nm 附近反射峰位置受到悬浮物以及黄色物质的影响很小，且没有受到光谱测量角度及地表辐射照度等因素变化带来的影响。顾万花等(2011)基于反射峰位置法对江苏淀山湖进行了叶绿素 a 浓度估算，结果显示模型决定系数 R^2 值达到了 0.843，但由于传感器光谱分辨率不高，无法精确地找到叶绿素 a 浓度与反射峰位置相关性最大的波段。

6. **荧光峰高度模型**

目前水体荧光峰高度的计算方法有两种，即基线荧光高度法和归一化荧光峰高度法。基线荧光高度法最早由 Gower 等(1990)提出，经抛物线拟合，计算荧光峰处(685nm 左右)反射率值与峰值两侧的波谷连线(基线)所确定的高度差(FLH)。结合图 2 - 12 可得，基线荧光高度法计算公式如下：

$$FLH = R_{rs}(\lambda_{max}) - \frac{(\lambda_2 - \lambda_{max})[R_{rs}(\lambda_1) - R_{rs}(\lambda_2)]}{\lambda_2 - \lambda_1} - R_{rs}(\lambda_2) \tag{2-59}$$

式中，FLH 为荧光峰高度；λ_{max}为荧光峰对应波长；λ_1和 λ_2分别为荧光峰两侧波谷对应的波长；$R_{rs}(\lambda_{max})$、$R_{rs}(\lambda_1)$和 $R_{rs}(\lambda_2)$分别为 λ_{max}、λ_1和 λ_2处光谱反射率值。

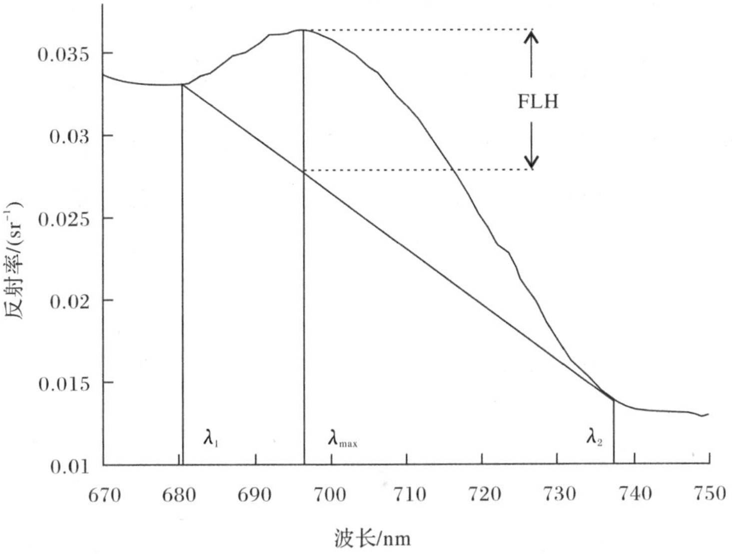

图 2-12　基线荧光高度示意图

Vos 等(1986)指出，荧光峰高度常随叶绿素 a 浓度的变化而变化。荧光峰高度法除上文提到的基线荧光峰高度法，另外一种是归一化荧光峰高度法。归一化荧光峰高度法的基本原理是将荧光峰处反射率 $R_{rs}(\lambda_{max})$归一化到因藻类弱吸收而引起的反射峰处 $R_{rs}(560)$上，或因叶绿素 a 吸收引起的反射率最小值 $R_{rs}(675)$上。

$$NFH = \frac{R_{rs}(\lambda_{max})}{R_{rs}(560)} \text{ 或 } NFH = \frac{R_{rs}(\lambda_{max})}{R_{rs}(675)} \tag{2-60}$$

式中，NFH 为归一化荧光峰高度；$R_{rs}(\lambda_{max})$、$R_{rs}(560)$和 $R_{rs}(675)$分别为荧光峰附近 λ_{max}、560nm 和 675nm 处光谱反射率值。

7. 荧光峰面积模型

对于荧光峰面积模型，目前主要通过选取 700nm 附近反射峰相邻的 2 个吸收谷连线来计算反射峰面积（normalized peak area，NPA）。例如，马万栋等（2014）利用高光谱数据研究发现，在不同的叶绿素 a 浓度反演模型中，荧光峰面积模型的决定系数最高，适合用于实测高光谱数据来反演叶绿素浓度，模型计算公式如下：

$$\mathrm{NAP} = \int_{\lambda_1}^{\lambda_2} R_{rs}(\lambda)\mathrm{d}\lambda - \frac{[R_{rs}(\lambda_2) + R_{rs}(\lambda_1)](\lambda_2 - \lambda_1)}{2} \quad (2-61)$$

式中，NPA 为叶绿素 a 荧光峰面积；λ_1、λ_2 分别为荧光峰左、右两侧吸收谷的波长（nm）；$R_{rs}(\lambda_1)$、$R_{rs}(\lambda_2)$ 分别为 λ_1 和 λ_2 处光谱反射率。如图 2-13 所示。

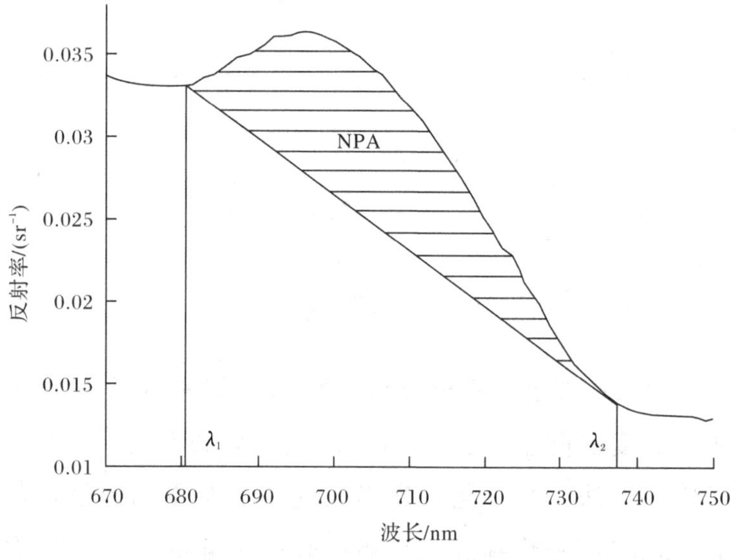

图 2-13　叶绿素 a 红外波段反射峰面积示意图

第3章

水环境遥感大气校正

3.1 大气校正理论基础

水环境遥感的目的是通过遥感卫星获取的水表面信号来定量获取和分析水体中的物质含量信息，核心是建立卫星获取的水体反射率值与水体组分含量之间的反演算法。太阳辐射进入大气圈后，会与大气分子和气溶胶等物质发生碰撞，要么被吸收，要么散射到其他方向。因此，太阳辐射能量在大气传播过程中会发生衰减，其传播的方向和偏振方向也会发生改变。其中，部分辐射经过大气直接反射回宇宙空间，部分辐射向下将能量传递到地球表面。对于水面而言，部分下行太阳辐射经过水面直接反射回大气中，剩余部分可以透过水面进入水体，并与水中组成物质(包括水分子、叶绿素、黄色物质和悬浮物质等)发生吸收和散射等衰减作用。在这一过程中，大部分投向水体的辐射能被水体吸收，但也有小部分辐射经水体散射返回大气，这部分能量被称为离水辐射。离水辐射和水面反射辐射在上行过程中，再次与大气发生吸收和散射作用，部分辐射透过大气返回宇宙空间，但也有部分能量经过大气散射返回到水面，再次与水体发生光学作用。太阳辐射多次在大气和水面之间发生相互光学作用，并且随着碰撞次数的增加，大气与水面之间的辐射交换也会不断减弱，直至消失。对于一类水体而言，由于其离水辐射率很小，辐射能计算可以只考虑大气与水体间的第一次相互作用，而忽略之后的多次相互作用。但对于二类水体而言，由于水体中泥沙等悬浮物质的高散射率，离水辐射率相比于一类水体高出很多，辐射能的计算必须考虑大气和水体间的多次相互作用。另外，太阳辐射在大气-水体耦合系统中传输时，其传输方向和偏振方向也会不断发生改变。

如何将水体信息同大气信息分离，是水环境遥感得以应用的关键，同时也将直接影响水体组分反演等后续分析的精度。Kirk(1994)指出，卫星接收到的大气顶辐射亮度(TOA)中，来自水体的离水辐射亮度信号约占TOA信号的10%，而90%的信号来自大气瑞利散射、气溶胶散射和反射，仅从卫星获取的TOA信号中很难准确反映水体中物质的含量。因此，准确获取水体遥感信息的前提是进行精确的大气校正，去除大气分子和气溶胶的影响，分离出真实的离水辐射亮度信号。

3.1.1 大气的组成

大气介于卫星传感器与地球表层之间，由多种气体及气溶胶组成。当电磁波由大气圈外传递至地球表层及传感器过程中，大气层是必经的通道。高层大气(100km以上)对常用遥感窗口的电磁辐射传输的影响很小，几乎可以忽略不计。但低层大气对电磁辐射传输产生的影响较大，主要体现在改变辐射光谱的分布和强度的大小。

大气是由多种气体、固体微粒和液体微滴混合组成的混合物，而不是化合物。除去固体杂质和水汽之外的混合气体，称为干洁空气(简称干空气)。低层大气的气体组成成分可以分为两类：一类为稳定成分，主要由氮气、氧气及惰性气体氖(Ne)、氦(He)、氪(Kr)、氙(Xe)组成，约占空气总量的99.9%以上，其气体成分的比例在对流层维持稳定；第二类为可变成分，这类气体如水蒸气、臭氧和二氧化硫等，其气体成分比例受不同地区、不同季节以及不同天气状况的影响而有所变化。在通常情况下，大气中水蒸气的含量为0.04%，二氧化碳的含量为0.033%，如表3-1所示。

表 3-1　大气的主要组成成分

稳定成分		可变成分	
成分	体积比/%	成分	体积比/%
N_2	78.084	H_2O	0.04
O_2	20.948	O_3	12×10^{-4}
Ar	0.934	SO_2	0.001×10^{-4}
CO_2	0.033	NO_2	0.001×10^{-4}
Ne	18.18×10^{-4}	NH_3	0.001×10^{-4}
He	5.24×10^{-4}	NO	0.0005×10^{-4}
Kr	1.14×10^{-4}	H_2S	0.00005×10^{-4}
Xe	0.089×10^{-4}	硝酸蒸气	痕量
H_2	0.5×10^{-4}		
CH_4	1.5×10^{-4}		
N_2O	0.27×10^{-4}		
CO	0.19×10^{-4}		

固体杂质的产生，除了火山爆发、流星燃烧、森林火灾、海浪飞沫、风尘、植物花粉传播等自然原因外，更重要的是人类活动，如工业生产、生活燃烧以及各种交通工具排放的烟雾粉尘等。大气中大量悬浮的各种固体微粒和液体微滴，也可称为气溶胶粒子，典型的有霾、烟、雾等。气溶胶可按粒径大小分类：$5.0\times10^{-3}\mu m\leqslant$粒径$\leqslant0.1\mu m$的称为爱根核，$0.1\mu m<$粒径$\leqslant1\mu m$的称为大粒子，粒径超过$1\mu m$的称为巨粒子。具体粒径范围见图 3-1。在对流层内，气溶胶浓度随高度的升高呈指数衰减；在平流层内，气溶胶浓度较为稳定。

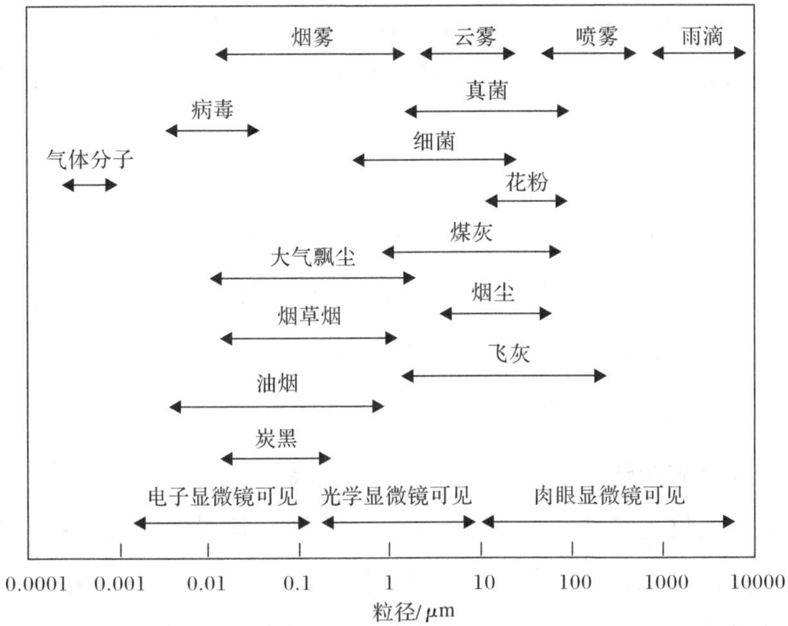

图 3-1　气溶胶的粒径范围

3.1.2　大气与电磁波相互作用

大气中的气体成分、固体微粒和液体微滴等粒子多含有带电的电子和质子，这些电荷在粒子中分布并不均匀，当电磁波照射到粒子上，电荷在电磁波激发下作受迫振动，从而向各个方向发射次生电磁波，这样产生的次生电磁波称为散射。除此之外，被电磁波激发的电磁能还有一部分可以转化为热能，这种过程称为吸收。在忽略极化效应的情况下，如果粒子被认为是各向同性的，电磁波在大气中的传播过程可通过辐射传输方程表达，见公式(3-1)。

$$\mu\frac{\mathrm{d}L(\tau,\mu,\varphi)}{\mathrm{d}\tau}=L(\tau,\mu,\varphi)-\frac{\omega}{4\pi}\int_0^{2\pi}\int_{-1}^{1}L(\tau,\mu_i,\varphi_i)P(\mu,\varphi,\mu_i,\varphi_i)\mathrm{d}\mu_i\mathrm{d}\varphi_i \tag{3-1}$$

式中，L 为辐射亮度；τ 为气溶胶光学厚度；(μ,φ) 为观测角度坐标系；

$\mu=\cos\theta$，θ为天顶角；φ为太阳辐射方向与观测方向的相对方位角；ω为单次散射反照率，描述光子撞击介质中粒子时发生散射的概率；$P(\mu,\varphi,\mu_i,\varphi_i)$是散射相函数，描述了光子从其他方向散射过来的概率。

电磁波与大气之间的相互作用，主要包括吸收和散射两种基本形式。其中，大气对电磁波的吸收作用主要依靠大气分子完成，而散射作用则主要受到大气中颗粒物的影响。

1. 大气分子的吸收作用

太阳辐射经过大气圈时会被气体分子吸收一部分能量，大气气体分子的吸收是把辐射能转化为分子的激发震荡能量。当电磁波在大气中传播时，大气分子在光波电场的作用下产生极化，并以入射光的频率作受迫振动。所以，为了克服大气分子内部阻力，要消耗能量，表现为大气分子的吸收。分子的固有吸收频率由分子内部的运动形态决定。极性分子的内部运动一般由分子内电子运动、组成分子的原子振动以及分子绕其质量中心的转动组成，相应地共振吸收频率分别与光波的紫外和可见光、近红外和中红外以及远红外区相对应。由此，分子吸收特性的强烈依赖于光波的频率。旋转状态的改变主要发生在微波或远红外等低能量区域；振动状态的改变主要发生在较高能量的近红外区域，而电磁状态的改变主要发生在紫外线和可见光部分等高能量区域。大气分子的吸收作用主要来源于臭氧、氮气、氧气、水汽、二氧化碳和甲烷等气体。其中，前四种气体在大气中分布稳定，而且与大气充分混合，可以看成是常数；后两者在大气中变化较大，与时间和地点紧密相关。

气体吸收对波长具有较明显的选择性。大气中氮气、氧气分子虽然含量最多，但它们在可见光和红外区几乎不表现出吸收性，对远红外和微波段才呈现出较大的吸收性。氮气吸收主要发生在紫外光以外，波长小于 0.2μm 的电磁波几乎被氮气吸收。氧气吸收主要发生在 0.76μm 处。水汽分子和二氧化碳分子，特别是水汽分子在近红外区有宽广的振动-转动及纯振动结构，是可见光和近红外区最重要的吸收分子，是晴天大气光学衰减的主要因素。其中，水汽吸收主要发生在大于 0.7μm 的波长上，二氧化碳吸收主要发生在 2μm 处。至于甲烷的吸收，则发生在更远的波长。臭氧的吸收主要发生在小于 0.3μm 的波长范围内，波长小于 0.3μm 的太阳短波辐射在入射到地表之前已被吸收完毕。不同的大气分子含量会具有不同的吸收率和透过率，但各种气体的吸收作用相对独立，其综合吸收作用是各种气体吸收作用的乘积。

大气中除包含上述分子外，还包含有 He、Ar、Xe、Ne 等，这些分子在可见光和近红外有可观的吸收谱线，但其在大气中的含量甚微，故一般不考虑其吸收作用。只是在高空处，其他衰减因素都很弱时，才考虑它们的吸收作用。

2. 大气分子的散射作用

太阳辐射与大气分子发生碰撞时，由于存在着局部的密度与平均密度统计性的偏离——密度起伏，破坏了大气的光学均匀性，一部分光辐射会向其他方向传播，从而导致光在各个方向上的散射，改变了光场能量分布。大气散射对辐射传输的影响极大，它直接削弱了太阳光直射的强度，减少了到达地面的太阳辐射，进而降低了地面辐射强度。由于改变了太阳辐射的方向，故散射增强了地面的辐照和大气层本身的“亮度”。根据引起散射的粒子直径与入射波长的关系，可将大气对电磁波的散射作用分为选择性散射和无选择性散射两大类，其中选择性散射又分为分子散射和瑞利散射。当引起散射的大气粒子直径远小于入射电磁波波长时，出现瑞利散射。大气中的 N_2 和 O_2 等气体分子对可见光的散射属于此类。瑞利散射的强度与波长的 4 次方成反比，前向散射与后向散射强度相同。瑞利散射是造成遥感可见光图像辐射畸变、图像模糊的主要原因之一。

$$\sigma_m = 0.827N\frac{A^3}{\lambda^4} \tag{3-2}$$

式中，σ_m 为瑞利散射系数(cm^{-1})；N 为单位体积中的分子数(cm^{-3})；A 为分子的散射截面(cm^2)；λ 为电磁波波长(cm)。

由于分子散射的强度与波长的 4 次方成反比，故波长越长，散射越弱；波长越短，散射越强烈。因此，可见光比红外光散射强烈，蓝光又比红光散射强烈。在晴朗天空中，其他微粒很少，因此瑞利散射是主要的散射，又因为蓝光散射最强烈，故明朗的天空呈现蓝色。

3. 气溶胶的吸收、散射作用

当引起散射的粒子直径与入射波长相当时，会出现粗粒散射，也称米散射。大气中的气溶胶粒子的散射多属于此类。气溶胶是悬浮在大气中的多种固体微粒和液体微小颗粒群。其粒度为 0.002～100μm。由于这些微粒在大气中的悬浮呈胶溶状态，所以通常又称为大气气溶胶。虽然气溶胶来源比较广泛，但根据其来源，可以归为两类：一是自然界，如火山喷发的烟尘、被风吹起的土壤微粒、海水飞溅扬入大气后而被蒸发的盐粒、细菌、微生物、植物的孢子花粉、流星燃烧所产生的细小微粒和宇宙尘埃等；二是人类活动，如煤、油及其他矿物燃料的燃烧物质等。

气溶胶对光波的衰减包括气溶胶的散射和吸收。当光的波长相当于或小于散射粒子尺寸时，即产生米散射。米散射主要依赖于散射粒子的尺寸、密度分布以及折射率特性。米散射的前向散射远远大于后向散射。在一般大气状况下，瑞利散射起主导作用，米散射叠加于瑞利散射之上，使天空变得灰暗。当引起散射的大气颗粒物直径远大于入射波长时，出现无选择散射，其散射强度与波长无关。大气中的云、雾、水滴、尘埃的散射属于此类。

气溶胶微粒的尺寸分布极其复杂，受天气变化的影响也十分大。同时，气溶胶通过散射和吸收地球热辐射，也会影响全球气候，对地球辐射平衡起着重要作用。气溶胶对辐射强迫可以分为直接和间接两种作用机制。气溶胶直接作用是改变反射率，反射更多太阳辐射返回外太空，同时煤烟型等有色气溶胶具有强吸收性，能够吸收部分太阳光并转化为热能，减少到达地球表面的太阳辐射，对地球表面起降温作用。另外，气溶胶还能起到温室气体的作用，吸收部分地球热辐射，降低地表降温的速度。气溶胶间接作用机制比较复杂，如小粒径气溶胶可作为云凝结核，有助于形成和发展云层和降水，改变云层反射率和降水过程。气溶胶对气候的影响错综复杂，对地球最终是起到降温作用还是升温作用，还未有明确定论。

对遥感领域科学家而言，更多关注的不是地球辐射收支平衡问题，而是气溶胶对卫星接收信号的影响。显然，气溶胶会增加大气层的反射能力，从而增加行星反射率和卫星接收信号强度。气溶胶会严重影响地表反射率的测量精度，要精确获取地表反射率，必须了解气溶胶信息并进行有效的大气校正，可见气溶胶信息对遥感的重要性，这也是目前水色卫星遥感大气校正的焦点和难点所在。

3.2　大气校正常用方法

大气气溶胶粒子是指悬浮在大气中的由固体、液体微粒及气体共同组成的多相体系，粒径范围为 0.01～100μm。大气气溶胶粒子对全球气候有着重要影响，其对太阳的吸收和散射一定程度上改变了地-气系统辐射平衡。大气气溶胶对电磁波的吸收和散射作用，可直接干扰光学传感器信号的接收。估算气溶胶属性主要是估计气溶胶光学厚度（AOT），它定义为介质的消光系数在垂直方向上的积分，用来描述气溶胶对光的衰减作用，是一个随着波长变化的函数。本节全面介绍基于光谱特征、时间序列、角度信息、空间特征等来反演气溶胶光学厚度的算法。

3.2.1 基于光谱特征方法

随着多光谱与高光谱传感器的快速发展，基于光谱特征的大气校正方法很早就被提出，其中暗目标法就是基于光谱特征进行大气校正的经典算法。该方法的核心是假设部分波段受大气气溶胶的影响较大，部分波段则影响较小，通过利用受气溶胶影响较小的波段来确定地表反射率，进而估算受气溶胶影响较大的那部分波段的气溶胶光学厚度。这种方法不仅具有较长的历史，同时也是现在较为常用的大气校正方法之一。MODIS（Moderate-Resolution Imaging Spectroradiometer）和 MERIS（Medium-Resolution Imaging Spectrometer)数据通常采用暗目标方法估算气溶胶光学厚度并进行大气校正(Santer et al.，1999；Vermote et al.，2002)。暗目标方法主要用于具有以浓密植被为暗目标的影像，对于缺少暗目标的遥感影像则难以适用。

1. **长波近红外暗目标法**

长波近红外暗目标法是通过使用待校正图像上的暗像元在 2.1μm近红外波段与红、蓝两个波段反射率之间的线性关系来估算气溶胶光学厚度(Kaufman et al.，1997a；Kaufman et al.，1997b)。其基本原理是假定待纠正的遥感图像上存在黑暗像元区域，地表为朗伯面反射，大气性质均一，在大气多次散射辐照作用和邻近像元漫反射作用可以忽略的前提下，暗目标在近红外波段的表观反射率受大气的影响很小，可以近似等于地表反射率。利用该波段反射率与红、蓝两个波段反射率线性关系，计算红、蓝波段的地物反射率，进而估算大气气溶胶在这两个波段的光学厚度。同理，根据气溶胶模型，再确定其他波段的光学厚度。长波近红外暗目标方法（Liang et al.，1997）处理步骤如下：

（1）暗目标的确定。通过设置一个较低的反射率阈值，在含 2.1μm波长周围的中红外波段图像中找出暗目标像元，暗像元要尽可能多选择。所选取的暗像元越多，对于大气状况的模拟就越精确，大气校正精度就越高，但同时应注意，计算时间会随着暗像元数量的增多而增加。可选择植被浓密区作为暗像元，且经常同时使用植被指数来辅助判断植被的浓密程度。另外，最好在不同地物区域内分别选取暗像元。地物区域的不同，其所对应的大气状况可能会差别较大，如城市与山区。

（2）地表反射率的确定。采用以下统计线性关系式计算蓝光波段和红光波段的地表反射率：

$$R_{rs}(\text{red}) = 0.5R_{rs}(2.1) \tag{3-3}$$

$$R_{rs}(\text{blue}) = 0.25R_{rs}(2.1) \tag{3-4}$$

（3）气溶胶光学厚度计算。根据红光和蓝光波段地表反射率和遥感表观反射率，可以通过辐射传输模型计算得到红、蓝波段气溶胶光学厚度，再通过 Angström 指数公式（3-5）来确定其他波段的气溶胶光学厚度。

$$\tau_i = a\lambda_i^{-b} \tag{3-5}$$

式中，τ_i 为气溶胶光学厚度；λ_i 为波长；参数 a 为 Angström 指数；参数 b 为大气浑浊度系数。

（4）地表反射率计算。针对图像中非浓密植被像元，采用移动窗口内插技术估算气溶胶光学厚度的空间分布后，即可计算出全部像元的地表反射率。

2. 短波近红外暗像元法

传统的暗像元法通常使用长波近红外波段的数据，但当前大量地面观测卫星的传感器多数只提供四个波段，波长范围仅从可见光到短波近红外波段，缺少长波近红外波段，导致常规暗像元法无法使用。通过对比研究，Richter 等(2006)提出一种基于可见光波段和波长 0.85μm 的短波近红外波段暗像元的大气校正算法，并运用这种算法对 TM 和 ETM+影像进行大气校正。

与长波近红外暗像元方法相比，短波近红外暗像元方法是通过建立 0.85μm 的浓密植被反射率和红光波段反射率之间的线性关系来确定地表反射率。在确定了暗像元后，根据公式(3-6)可得到暗像元区域红光波段的地表反射率，从而根据地表反射率与遥感表观反射率的关系得到红光波段的气溶胶光学厚度。

$$R_{rs}(\text{red}) = \alpha R_{rs}(\text{pin}) = \frac{R_{rs}(\text{pin})}{10} \tag{3-6}$$

Wang 等(2007)利用该方法建立了不同短波红外波段组合，大气校正结果表明在非吸收性气溶胶和弱吸收性气溶胶状况下，短波红外波段替代近红外波段进行大气校正的精度与标准算法相当。短波红外数据信噪比较低，造成提取的可见光近红外波段离水辐射也带有噪声。另外，短波红外气溶胶光学厚度较小，对气溶胶类型敏感性较低，这对反演气溶胶类型也会带来一定的影响。

3. 深蓝算法

在高混浊的二类水体中，随着悬浮物浓度和黄色物质吸收系数的升高，蓝光波段离水辐射降低，而且变化范围较小。深蓝算法与暗像元算法类似，不同的是，与暗像元算法相比，深蓝算法反演气溶胶光学厚度适应性更广，所能反演的地表反射率远高于暗像元算法限定的最高地表反射率。参考典型地物标准波谱数据，大部分地物在深蓝波段(412nm)的地表反射率都在 0 至 0.1 之间，其地表反射率对表观反射率的贡献明显低于其他波段，这在一定程度上增加了卫星传感器接收信号对气溶胶的敏感性。通过 MODTRAN 等相关辐射传输模型模拟大气辐射传输过程的试验表明：传感器在天顶位置接收到的包含气溶胶的大气表观反射率和仅包含大气分子散射的表观反射率相比，412nm 波段的信号差别最为明显。其主要原因是在紫外波段气溶胶的吸收将减弱卫星传感器接收到的信号强度，而在更长波段的可见光及红外波段较高的地表反射率成为表观反射率的主要贡献，进而在一定程度上减弱了卫星传感器接收信号对气溶胶吸收和散射的敏感性。因此，利用深蓝波段表观反射率反演气溶胶光学厚度是一个有效的方法。由于这种算法用的是 MODIS 深蓝波段，所以也称为深蓝算法。与陆地浓密植被地区相比，沙漠和半沙漠地区的地面 BRDF（双向反射）相对较弱，尤其是蓝波段，使用该算法可实现非浓密植被地区的遥感影像气溶胶光学厚度反演。此外，进一步考虑到陆地表面 BRDF 特性的影响，有研究在深蓝算法思想的基础上提高了高亮地区的气溶胶光学厚度反演精度（Tian et al.，2018）。

深蓝算法的关键是蓝光波段离水辐射比较稳定，该算法在高 CDOM 水体中有较好的发展前途，但对于中低混浊的水域可能会失效。另外，由于遥感器蓝光波段信噪比较差，也会影响该算法的大气校正效果。

3.2.2　基于时间序列影像

随着遥感卫星影像时间分辨率的提高，基于时间序列的多景影像大气校正方法被提了出来。该方法假定在一定时间内，地物基本属性不变，影像像元有些数值受气溶胶影响较大，有些受气溶胶影响不大。因此，利用受气溶胶影响不大的数值来计算地表反射率值，进而推算受气溶胶影响较大的那部分数值的气溶胶光学厚度。这种方法需要数据具备较高的时间分辨率，适用于目前的大部分中分辨率传感器数据。

1. 线性回归法

线性回归法通常假设遥感影像中部分像元的地面反射率在时间序列上是稳定的，该部分像元的表观反射率大小主要受大气条件的变化影响。因此，通过不同时间尺度的“稳定”像元表观反射率建立的线性统计关系，可用来消除大气干扰所造成的差异。从方法原理来看，该方法属于相对大气校正，如果在卫星过境时同步测量相应的地表反射率值，校正效果精度更高。

2. 改进的多时间影像方法

MODIS 影像的大气校正通常使用暗像元法，该算法需要遥感影像中具有浓密的植被像元，否则 MODIS 产品的大气校正并不准确。因此，针对 MODIS 产品时间分辨率较高的特点，一种改进的多时间影像方法被提了出来。该方法假定在一个时间段内地物的地表反射率是稳定的，通过检测多时间序列影像中受大气影响最小的清洁像元，并计算其地表反射率，然后通过 BRDF 模型估算出非清洁区域的气溶胶光学厚度(Liang et al. ,2006)，其流程见图 3－2。

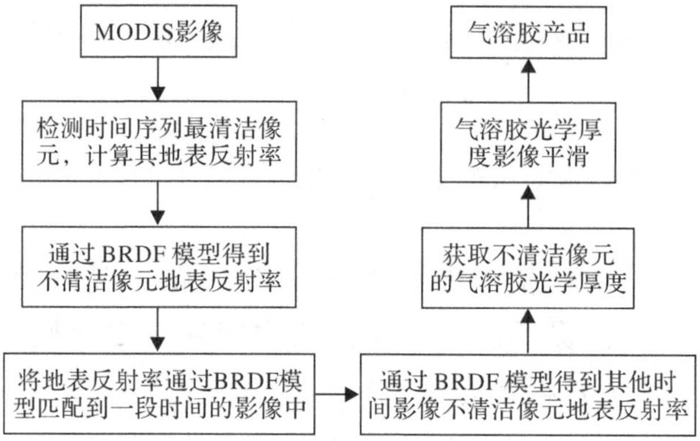

图 3－2　基于时间序列影像估算流程(Liang et al. ,2006)

3.2.3　基于角度信息

霾是指大量烟、尘等微粒悬浮而形成的浑浊现象。霾的核心物质是空气中悬浮的灰尘颗粒，气象学上称为气溶胶颗粒。当垂直观测陆地表面时，由于地表目标较亮，探测路径较短，因此对霾的探测较为困难。当采用大角度观测时，观测路径变长，增加了霾的程辐射强度，这使得天顶观测时不易探测的霾在大角度观测时更加敏感和容易检测，这给使用多角度数据进行大气校正提供了帮助。(Martonchik et al. ,2004)。

基于角度信息方法的核心是利用从不同角度所获得的大气气溶胶的影响不同这一特性进行大气校正。许多航天和机载传感器具有同时从多角度观察地球表面的特性，例如，搭载在 Terra 卫星上的 MISR 传感器具有 9 个观测角度下的成像数据。每个相机包含四个波段，分别是蓝光波段、绿光波段、红光波段和近红外波段，这使得气溶胶光学厚度的估算更加容易。

3.2.4　基于空间特征匹配

基于空间特征匹配的大气校正方法通常包括直方图匹配法和像元聚类匹配法。直方图均衡化是通过减少图像的灰度等级来加大图像对比度，为了达到均衡化的目标，需要将直方图规定化，通过查找表建立相应的映射关系。

$$P_r(r_k) = \frac{n_k}{N} \tag{3-7}$$

式中，$P_r(r_k)$为灰度级 r_k 的像元出现的频数；n_k 为灰度级 r_k 的像元数目；N 为像元总数。该灰度级对应的概率密度函数见式(3-8)。

$$S_k = T(r_k) = \sum_{i=0}^{k} \frac{n_i}{N} = \sum_{i=0}^{k} p_r(r_i) \tag{3-8}$$

同样，期望直方图每个灰度级对应的概率密度函数见式(3－9)。

$$V_l = V(z_l) = \sum_{i=0}^{l} \frac{m_i}{M} = \sum_{i=0}^{l} p_z(z_i) \quad (3-9)$$

对某个像元的灰度级 r_k来说，在期望直方图上找到一个灰度级 z_l，使得 $S_k = V_l$，然后用灰度级 z_l代替灰度级 r_k。采用同样的方法对所有的像元进行灰度级替换，相应波段的直方图可通过查表获得。接着，通过用查找表中的 DN 值代替原始值完成影像的相对辐射校正。直方图匹配法要求所选取的影像应尽可能多地覆盖典型区域，且图像各个像元分布比较一致。

在这个基础上，Liang 等(2002)的研究假设每一地物在不同大气条件下的平均反射率是相同的，并使用像元聚类匹配法进行了大气校正，同时考虑了邻近效应纠正。

3.2.5　多传感器协同算法

随着地球上空在轨的星载传感器不断增加、更新与迭代，相对于传统的单一时相气溶胶光学厚度卫星遥感方法，基于多源卫星数据协同的气溶胶光学厚度反演方法具有很强的可扩展性。多角度成像光谱仪(MISR)与 MODIS 同为 Terra 极轨卫星上所搭载的传感器，故可以充分发挥不同传感器对气溶胶反演相关参数提取的优势。许多研究者提出并使用了多传感器协同反演气溶胶的方法。

相对于 MODIS 的单一角度观测，MISR 具备在短时间内多角度观测的能力。在进行地表上空气溶胶反演时，使用 MISR 数据提取地表信息，其结果可用来支持多波段 MODIS 数据反演气溶胶信息(Vermote et al. ,2007)。多传感器协同算法针对暗目标和复杂异质性地表类型设计了不同的算法。对于暗目标，该算法考虑了地表双向反射(BRDF)特性；对于复杂异质性地表，该算法通过建立一组与观测角度相关的经验函数(empirical orthogonal function，EOF)来模拟地表反射率随观测角度的变化情况，进而通过观测信号中的角度变化来区分地表和大气的贡献，最终达到反演气溶胶光学厚度及气溶胶类型的目的。

3.3　常用的大气传输模型与模块

在大多大气校正算法中，需要解辐射传输方程，建立查找表进行快速的大气校正，从而产生了一系列基于大气辐射传输理论的大气校正模型。有基于大气光学参数的模型，比如 RADFIELD 辐射传输计算模型，也有常用的基于大气参数的模型，比如 LOWTRAN、MODTRAN、6S(Vermote et al.，2007)及 FASCODE 等大气辐射近似计算模型。由于这些模型软件大多供专业人员使用，操作和学习较为复杂，于是出现了很多界面化的大气校正软件，如 ENVI 中自带的大气校正模块 FLAASSH，基于 ERDAS 的 ACTOR 和 ImSpec LLC 研发的 ACORN 等。它们都是基于 MODTRAN 模型，内建大量的查找表，用于对各种传感器数据进行方便快捷的大气校正。

3.3.1　MODTRAN 模型

MODTRAN 模型，即中等光谱分辨率、大气透过率及辐射传输算法和计算模型。MODTRAN 是在 LOWTRAN 基础上发展的，光谱分辨率达到 1cm，模式选择性强，在选择的模式下，可以计算吸收物质的路径透射比、大气辐射率、单次(多次)散射的太阳/月亮辐射率和直接透过的太阳辐射等。MODTRAN 模型辐射过程几乎考虑了大气中所有大气分子、气溶胶和云的吸收、散射效应，数据输入、结果输出方便，既可以应用现有标准模式，又可以由用户直接输入观测或指定资料进行模式计算。该模型在 Windows 环境下操作界面简便直观，且 MODTRAN 5.2 版本对几个重要的基础数据库进行了更新，使计算精度得到很大的提高,同时增加了 DISORT 太阳散射贡献方位角相关选项,并且将 7 种 BRDF 模型引进到模型中,使物体表面散射逾越了朗伯体假设的局限。运行 MODTRAN 模型的输入参数可以分为五类,均通过编写 CARD1 至 CARD5 确定,具体功能描述见表3-2。

表 3-2 CARD 功能描述

CARD	必选/可选	功能
CARD1	必选	主要辐射传输的驱动
CARD1A	必选	控制 DISORT 算法
CARD1A1	可选	TOA 太阳辐射照度数据库的选择
CARD1A2	可选	选择波段模式参数文件
CARD1A3	可选	选择指定仪器的响应函数
CARD2	必选	气溶胶模式以及云雨模式的选择
CARD2C	可选	大气层数以及读取指定文件的大气模式
CARD3	必选	定义几何路径参数
CARD3A1	可选	太阳的散射几何条件以及气溶胶散射相函数
CARD3A2	可选	具体集合条件的设置,如经纬度、时间、方位角等
CARD4	必选	设置光谱范围波长增量以及输出的光谱衰减
CARD5	必选	控制参数,重复读取新的一组数据

第一类为控制运行参数:如采用何种辐射传输程序,是否进行多次散射计算等。这些主要在 CARD1 中完成,CARD5 提供了重复计算的选项。

第二类为传感器的参数:如传感器的通道参数、观测的波束(波长范围)等。其中,CARD1A 中有是否输入传感器通道响应函数的选项;在 CARD1A3 中输入通道响应函数的文件名;在 CARD4 中输入模拟计算的波长范围(涵盖所有波段,稍长)。

第三类为大气参数:大气廓线类型通过 CARD1 中的选项确定,

其他具体参数(水平气象视距、大气各类分子廓线)包括气溶胶主要通过 CARD2 来进行设置。

第四类为观测几何条件:在 CARD1 中有关于几何条件的选项。另外,在 CARD3 中主要为几何参数的输入选项。MODTRAN 通过多种方式组合来实现几何参数的输入,可根据计算的方便进行选择。

第五类为地表参数:包括光谱反射率、地理信息等。CARD1A 提供了地表参数设定的初步选项,然后在 CARD4 根据 CARD1 中设定的参数对地表的参数进行具体设定。

运行 MODTRAN 模型的输出参数:控制输出数据的量纲、采样函数设置、是否输出 Plotout 文件。输出参数在 CARD4 中设置。

根据输入的地表反射率和大气参数,可以通过辐射传输模型模拟结果,并获得大气校正所需要的参数,从而建立查找表,用于大气校正的计算。MODTRAN 模型的结构见图 3-3。

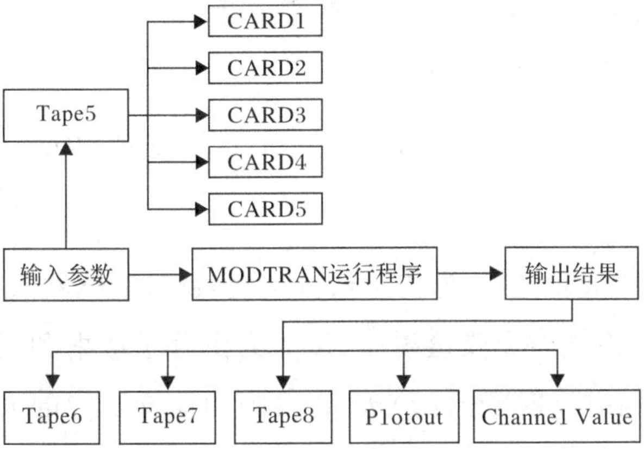

图 3-3　MODTRAN 模型的结构

3.3.2　6S 模型

6S 模型(second simulation of the satellite signal in the solar spectrum)是在 5S(simulation of the satellite signal in the solar spectrum)模型的基础上发展起来的加强版本。该模型使用FORTRAN编程语言,采用最新近似(state of the art)和逐次散射(successive orders of scat tering,SOS)算法来计算散射和吸收。6S模型适用的太阳辐射波段范围为0.25～4μm。该模型在假定无云的条件下,主要考虑了水汽、臭氧、氧气、二氧化碳、甲烷和一氧化二氮等气体的吸收,以及大气分子和气溶胶的散射等。它不仅可以模拟非均一地面性,还可以模拟地面双向反射特性。6S模型与LOWTRAN和MORTRAN模型比较,具有较高的校正精度,多用于处理可见光、近红外的多角度遥感数据。

在假设地球表面是均匀的朗伯体的情况下,卫星传感器接收到的表观反射率定义为R^*,则

$$R^* = \frac{\pi L}{F_0 \cos\theta_s} \tag{3-10}$$

式中,F_0为太阳辐射度;L为表观辐射亮度。

传感器接收到的反射率为

$$R^*(\theta_s,\theta_v,\phi_s-\phi_v) = T_g(\theta_s,\theta_v)[R_{r+a}(\theta_s,\theta_v,\phi_s-\phi_v)] + T(\theta_s)T(\theta_v)\frac{R}{1-RS} \tag{3-11}$$

式中,θ_s为太阳天顶角,θ_v为传感器方位角,ϕ_s为传感器天顶角,ϕ_v为太阳方位角,T_g为气体吸收透射率,R_{r+a}为由分子散射和气溶胶散射所构成的路径辐射反射率值,$T(\theta_s)$是太阳和地物之间的大气路径透射率,$T(\theta_v)$为地物和传感器之间的大气路径透射率,R为地物目标反射率,S为球面反照率。因此,目标反射率的公式可表示为

$$R = \frac{\dfrac{R^*(\theta_s,\theta_v,\phi_s-\phi_v)}{t_g} - R_{r+a}(\theta_s,\theta_v,\phi_s-\phi_v)}{T(\theta_s)T(\theta_v) + \left[\dfrac{R^*(\theta_s,\theta_v,\phi_s-\phi_v)}{T_g(\theta_s,\theta_v)} - R_{r+a}(\theta_s,\theta_v,\phi_s-\phi_v)\right]S} \tag{3-12}$$

6S模型主要包括以下几个部分。

1. **几何参数**

在卫星传感器成像过程中，太阳、卫星和地球之间会保持一定的相对位置，描述这一相对位置的参数称为几何参数，包括太阳天顶角、太阳方位角、卫星方位角等。

2. **大气模式**

为提高模型的适用性，6S模型提供了包括中纬度夏季模式、中纬度冬季模式、无大气吸收、热带、亚北极地区夏季、亚北极地区冬季、美国标准大气(1962年)7种大气模式。用户可以根据所在区域选择适合的大气模式。另外，用户还可以通过输入所在区域的海拔、气压、臭氧含量等参数，用自定义的方式来定义大气模式，通过参数自定义的大气模式理论上更符合研究区域的真实情况。

3. **气溶胶类型**

6S模型也为用户提供了大陆型气溶胶、海洋型气溶胶、城市型气溶胶、沙漠型气溶胶、生物质燃烧型气溶胶和平流层模式气溶胶6种模式。同样，6S模型也可以通过输入粒子半径、粒子分布、体积比、复折射指数的实部和虚部等参数来自定义研究区域的气溶胶模式。

4. **光谱条件**

6S模型自带了约190个卫星通道的光谱响应函数，分别对应TM、MSS、POLDER、MODI、POLDER和ASTER等多种卫星传感器。

5. **地表反射率类型**

6S模型定义了地表的反射率模型，包含均一地表和非均一地表两种类型。其中，均一地表反射率又考虑了有方向效应和无方向效应两种情况，在考虑方向性时，模型提供了 9 种地表反射率模式供用户选择。

3.3.3 FLAASH

FLAASH (fast line-of-sigh atmospheric analysis of spectral hypercubes)大气校正模块应用广泛，它是在美国空气动力实验室支持下，由波谱科学研究所(Spectral Sciences)开发的(Adler-Golden，1998)。该模块目前已经集成在遥感处理软件 ENVI 系列中，可对包括 Landsat、MODIS、MERIS、AVHRR、AATSR 和 SPOT 等在内的多光谱、高光谱影像进行快速大气校正。模型利用 MODTRAN4＋辐射传输代码，可对遥感影像由大气中水汽、氧气、二氧化碳、臭氧等气体分子和气溶胶引起的辐射偏差进行逐像素纠正，能有效消除大气、光照等因素对地表反射率的影响。此外，FLAASH 能够生成卷云与薄云的分类影像，并对光谱进行平滑处理(QUAC，2009)。

FLAASH 中大部分大气校正参数可从遥感影像的头文件中获取，具体参数类型见表 3－3。

表 3－3　FLAASH 校正参数

参数类型	具体参数
卫星参数	传感器类型、观测日期、传感器高度、过境时间
几何参数	中心经纬度、大气模式、海拔高度
大气参数	气溶胶模式

FLAASH 假设入射光谱在所有方向反射均匀，传感器所接收到的辐射亮度值符合公式(3－13)。

$$L=\left(\frac{A\rho}{1-\rho_e s}\right)+\left(\frac{B\rho_e}{1-\rho_e s}\right)+L_a \tag{3-13}$$

式中，右边第一部分代表太阳辐射经过大气层后入射到地球表面后再反射经过大气层进入传感器的辐射亮度；第二部分代表太阳辐射经大气散射后返回到传感器的辐射亮度；第三部分为大气后向散射辐射率。L 为传感器接收的总辐射值；ρ 为地表反射率；ρ_e 为空间平均反射率；L_a 为路径辐射；s 是入射光数量和反射光数量的之比；A、B 为相应系数，其值大小与大气中水汽含量有密切关系。

在 FLAASH 中，大气校正主要分为三步：

(1)从影像中获取大气参数，包括能见度(气溶胶光学厚度)、大气水汽含量和气溶胶类型等。由于目前 FLAASH 中水汽含量的反演算法是基于水汽吸收的光谱特征，并通过波段比值法获取的，因此，水汽含量的计算在 FLAASH 中需逐像元进行。气溶胶反演算法通常基于影像中的特殊目标，如水体或浓密植被等暗目标，FLAASH 也沿用了暗目标法，一景图像最终能获取一个平均能见度数据。

(2)在大气参数获取之后，通过求解大气辐射传输方程来获取反射率数值。

(3)为消除纠正过程中存留的噪声，FLAASH 利用图像中光谱平滑的像元对整幅图像进行光谱平滑运算。云或云影给大气纠正带来了许多问题。被云覆盖的像元不仅无法获得其真实反射率信息，且受到云的影响，其邻近像元的反射率也会有不同程度的降低。FLAASH 不仅能够自动判断出图像中受云影响的区域，从而在大气纠正中避开这些像元，而且会通过影像的平均辐射率来代替云区的辐射率，以便后续处理。

FLAASH 的输入参数分为标准输入参数和高级设置两个部分。标准输入参数包括文件输入与输出信息、传感器与影像目标信息、大气模型、水汽反演、气溶胶模型、气溶胶反演、初始能见度、光谱打磨、重新定标波长、高光谱设置、多光谱设置等；高级设置包括波谱仪定义文件、模型参数设置、观测参数、FLAASH 处理控制等。

3.3.4 ACTOR

ATCOR 是 ERDAS IMAGINE 的一个大气因子校正和雾霾去除模块，用于纠正大气对地球表面地物光谱反射的影响。ATCOR 包括 ATCOR2（用于平坦地区）、ATCOR3（用于山区，3 代表三维）以及 ATCOR4（用于处理亚轨道遥感系统获取的数据）三个模块（Richter，2010a，2010b）。因此，ATCOR 不仅可以对相对平坦地区的影像进行校正，也可对高差变化较大的成像地区进行校正（需要成像地区的 DEM 数据）。

3.3.5 ACORN

ACORN 是一种基于图像自身的大气校正软件，可以用于实现从图像辐射值到地表反射率的计算，其适用波长范围为 350～2500nm。ACORN 建立包括经验法和基于辐射传输理论的方法，建立查找表进行快速的大气校正，模块既可以对高光谱数据进行大气校正，也可以对多光谱图像数据进行大气校正。

3.4 ENVI 软件大气校正及步骤

3.4.1 ENVI 大气校正功能

ENVI 中包含了很多常见的大气校正模型，如基于辐射传输模型的 MORTRAN 模型、黑暗像元法；基于统计学模型的反射率反演等。其中，MORTRAN 模型集成在 ENVI 大气校正扩展模块中。

在 ENVI 主菜单中，选择 Toolbox→Radiometric Correction→Atmospheric Correction Module→FLAASH Atmospheric Correction，打开 FLAASH 大气校正工具。参数设置如图 3－4 所示。

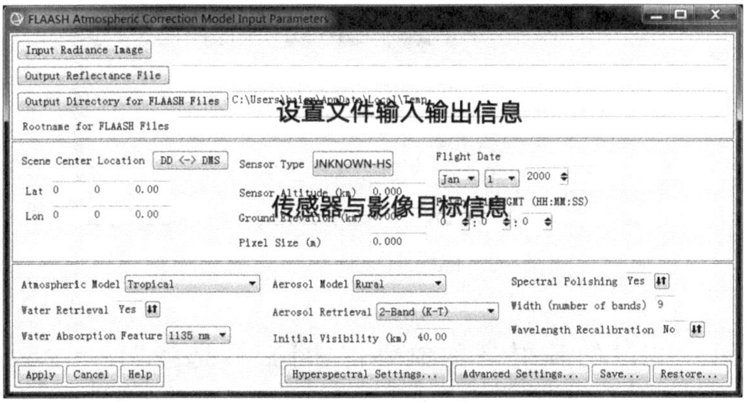

图 3-4　FLASSH 模块参数对话框

1. 设置文件输入与输出信息

(1)输入辐射亮度值文件(Input Radiance Image):需单击“Input Radiance Image”按钮。在文件选择对话框中输入符合 FLAASH 数据要求的影像文件,需要注意以下两种情况:

如果用到“Spatial Subset”功能,需要在“Advanced Settings”对话框中的“Spatial Subset”选项中,设置一样大小的子区。

当影像头文件中没有波长信息时,会弹出对话框提示输入中心波长信息文本文件,这个文本文件要求以列的方式记录波段的中心波长信息。

设置辐射亮度值文件后,会弹出“Radiance Scale Factors”对话框(见图 3-5),它的作用是将输入的辐射亮度值单位转换成 $MW/(cm^2 \cdot nm \cdot sr)$,与此同时,数据类型将转换成为浮点型,转换公式见(3-14)。

$$\text{浮点型辐射亮度影像} = \frac{\text{浮点或整型辐射亮度影像}}{\text{转换系数(Scale Factors)}} \tag{3-14}$$

当每个波段的辐射亮度值单位不同时,选择“Read array of scale factors(1 per band)from ASCII file”选项,该文本文件要求以列的方式记录每个波段的转换系数(Scale Factors)。

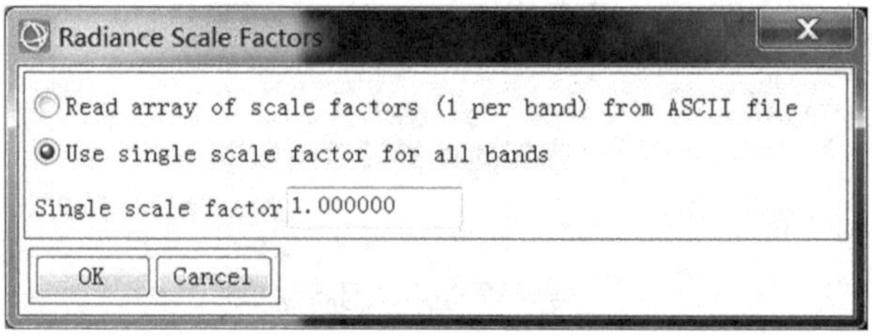

图 3-5　radiance scale factors 对话框

当每个波段的辐射亮度值单位相同时，选择“Use single scale factor for all bands”选项，在“Single Scale Factors”文本框中输入转换系数(Scale Factors)。

(2)输出反射率文件(Output Reflectance File)：单击“Output Reflectance File”选项，选择反射率数据输出目录及文件名。如若只输入文件名，保存路径则默认为“Output Directory for FLAASH Files”。

(3)输出文件夹(Output Directory for FLAASH Files)：设置大气校正其他输出结果储存路径，如水汽反演结果、云分类结果、日志等。

(4)根文件名(Rootname for FLAASH Files)：设置大气校正其他输出结果的根文件名。

2. 传感器与图像目标信息

(1)影像中心经纬度(Lat/Lon)：以度分秒格式输入，当影像位于西半球时，经度为负值；位于南半球时，纬度为负值。

(2)传感器类型(Sensor Type)：选择影像对应的传感器类型，如果选择 Multispectral→UNKNOWN-MSI，需提供光谱响应函数(ENVI 光谱库格式)。

(3)传感器飞行高度(Sensor Altitude)：如果为航天传感器，该值自动添加。

(4)影像区域平均海拔(Ground Elevation):相对于海平面的影像所在区域的平均海拔高程。

(5)影像像素大小(Pixel Size):影像空间分辨率,参与“领域效应”校正,当影像非天顶角拍摄时,输入最大分辨率值。

(6)成像日期(Flight Date):影像成像日期。

(7)成像时间(Flight Time GMT):影像成像日期(格林尼治时间)。

3. 大气模型

ENVI 提供标准 MODTRAN 六种大气模型:亚极地冬季(Sub-Arctic Winter)、中纬度冬季(Mid-Latitude Winter)、美国标准大气模型(U. S. Standard)、亚极地夏季热带(Sub-Arctic Summer)、中纬度夏季(Mid-Latitude Summer)、热带(Tropical)。

按照表 3-4,选择一种大气模型所对应水汽含量接近或者稍微大于影像所在场景水汽含量。如果没有水汽柱或者表面大气温度信息,可以通过季节/纬度信息选择大气模型(见表 3-5)。

表 3-4　MODRTAN 在各个大气模型中的水汽含量和表面大气温度值

大气模型	水汽柱/标准大气压,cm	水汽柱/(g/cm^2)	表面大气温度
Sub-Arctic Winter(SAW)	518	0.42	−16°C 或 3°F
Mid-Latitude Winter(MLW)	1060	0.85	−1°C 或 30°F
U. S. Standard(US)	1762	1.42	15°C 或 59°F
Sub-Arctic Summer(SAS)	2589	2.08	14°C 或 57°F
Mid-Latitude Summer(MLS)	3636	2.92	21°C 或 70°F
Tropical(T)	5119	4.11	27°C 或 80°F

表 3-5　基于季节/纬度选择 MODTRAN 大气模型

纬度范围	1月	3月	5月	7月	9月	11月
(70°N,80°N]	SAW	SAW	SAW	MLW	MLW	SAW
(60°N,70°N]	SAW	SAW	MLW	MLW	MLW	SAW
(50°N,60°N]	MLW	MLW	MLW	SAS	SAS	MLW
(40°N,50°N]	MLW	MLW	SAS	SAS	SAS	SAS
(30°N,40°N]	SAS	SAS	SAS	MIS	MIW	SAS
(20°N,30°N]	MLS	MIS	MU	T	T	MLS
(10°N,20°N]	T	T	T	T	T	T
(0°N,10°N]	T	T	T	T	T	T
(−10°N,0°N]	T	T	T	T	T	T
(−20°N,−10°N]	T	T	T	T	T	T
(−30°N,−20°N]	T	T	T	MLS	MLS	T
(−40°N,−30°N]	MLS	MLS	MLS	MLS	MLS	MLS
(−50°N,−40°N]	SAS	SAS	SAS	SAS	SAS	SAS
(−60°N,−50°N]	SAS	SAS	SAS	MLW	MLW	SAS
(−70°N,−60°N]	MLW	MLW	MLW	MLW	MLW	MLW
(−80°N,−70°N]	MLW	MLW	MLW	MLW	MLW	MLW
(−90°N,−80°N]	MLW	MLW	MLW	SAW	MLW	MLW

3.4.2　Landsat FLAASH 大气校正

在辐射校正之前先进行图像融合，不仅可以更好地保持原始光谱的信息量，同时也解决了大气校正（FLAASH）不能对全色波段进行辐射校正的问题。同时，地物分类或者地图类用途并不需要大气校正，而要通过反射情况提取水体信息，必须要进行大气校正。

遥感数据预处理流程如图 3 - 6 所示。

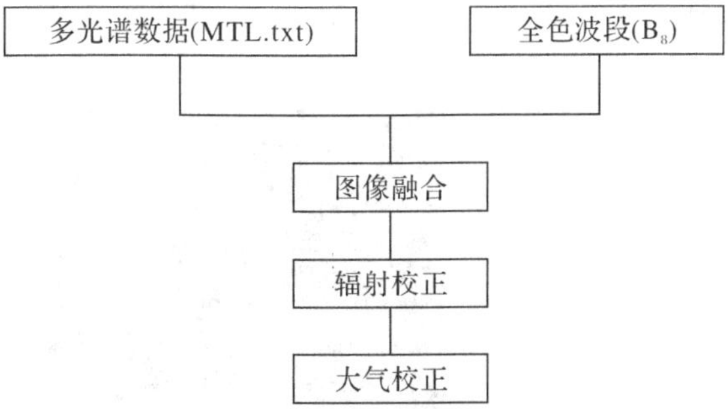

图 3 - 6　遥感数据预处理流程图

1. 图像融合

(1)将 8 波段 30m 分辨率的多光谱数据和 15m 分辨率的全色数据进行融合，从而得到 15m 分辨率的多光谱数据。启动 ENVI 5.1，选择 File→Open，选择“LC08_L1TP_116029_20200701_20200708_01_T1_MTL.txt”文件并打开；选择“LC08_L1TP_116029_20200701_20200708_01_T1_B8.TIF”文件并打开。如图 3 - 7 所示。

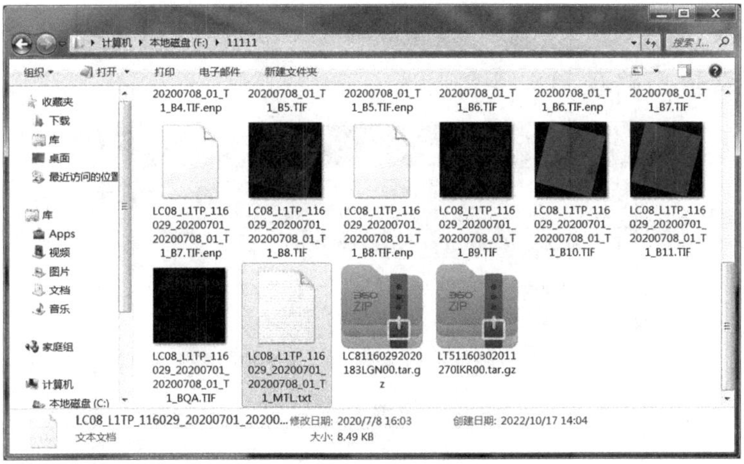

图 3 - 7　影像融合数据输入

(2)在工具箱 Toolbox 中,点击“Image Sharpening”,双击“Gram-Schmidt Pan Sharpening”打开对话框。如图 3-8 所示。

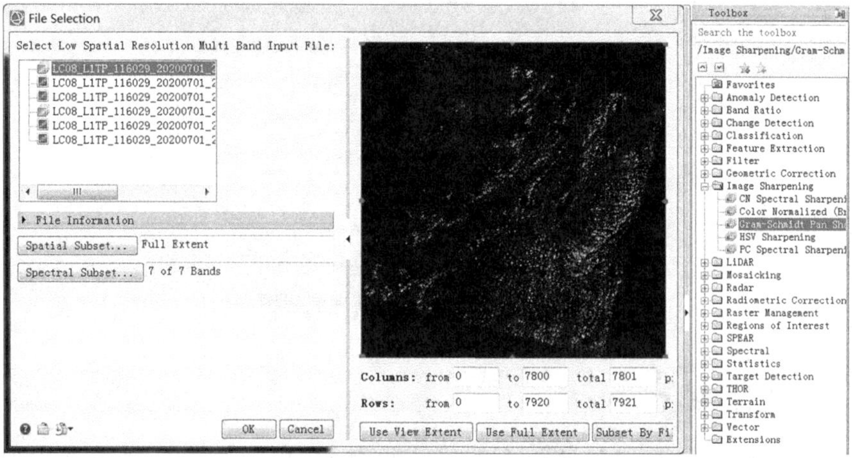

图 3-8　打开融合工具

(3)在对话框中选择低分辨率的多光谱数据文件,点击“OK”,再选择高分辨率全色波段数据文件,点击“OK”。

(4)“Pan Sharpening Parameters”参数面板如图 3-9 所示,选择传感器类型为“landsat8_oli”,重采样方法选择“Cubic Convolution”,然后设置输出路径和文件名。

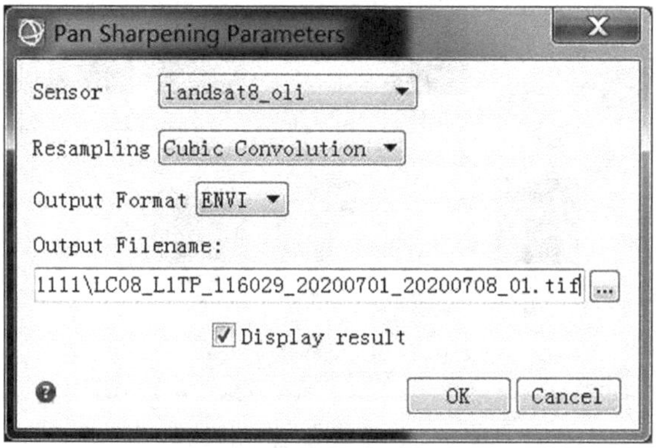

图 3-9　影像融合参数设置

2. 辐射校正

(1)在 ENVI 5.1 的工具箱中,点击 Radiometric Correction→Radiometric Calibration,选择要校正的多光谱数据“LC08_L1TP_116029_20200701_rh. dat”,进行辐射定标。如图 3-10 所示。

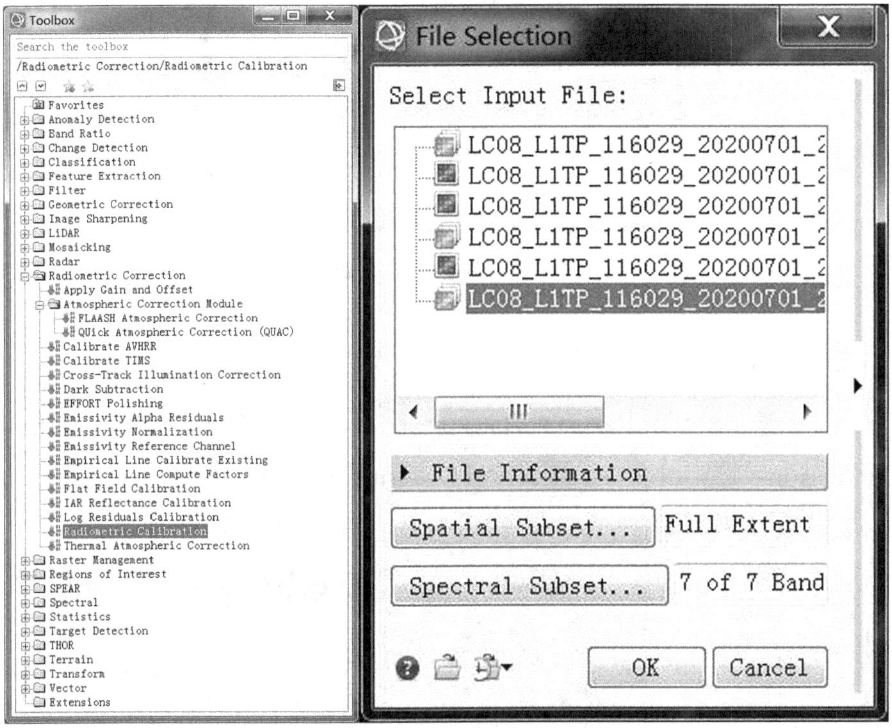

图 3-10　影像光谱的选择

(2)在选择参数对话框中,点击“Apply FLAASH Setting”后会自动读取元数据中的正射参数,也可以自己输入参数,主要参数如图 3-11所示。

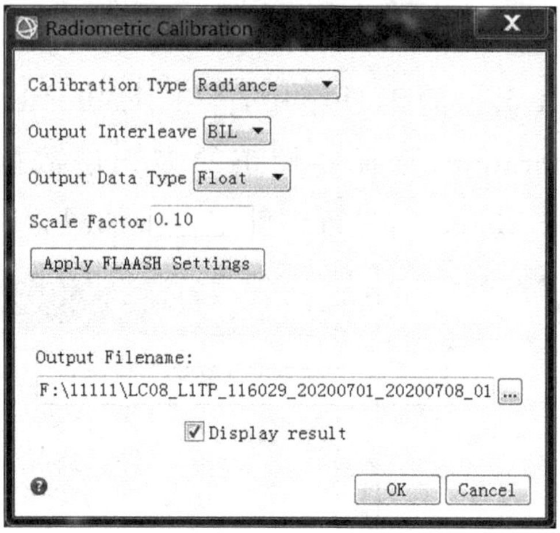

图 3-11　辐射校正参数设置

3. 大气校正

（1）选择 Toolbox → Radiometric Correction → Atmospheric Correction Module → FLAASH Atmospheric Correction，打开 FLAASH 大气校正工具。参数设置如图 3-12 所示。

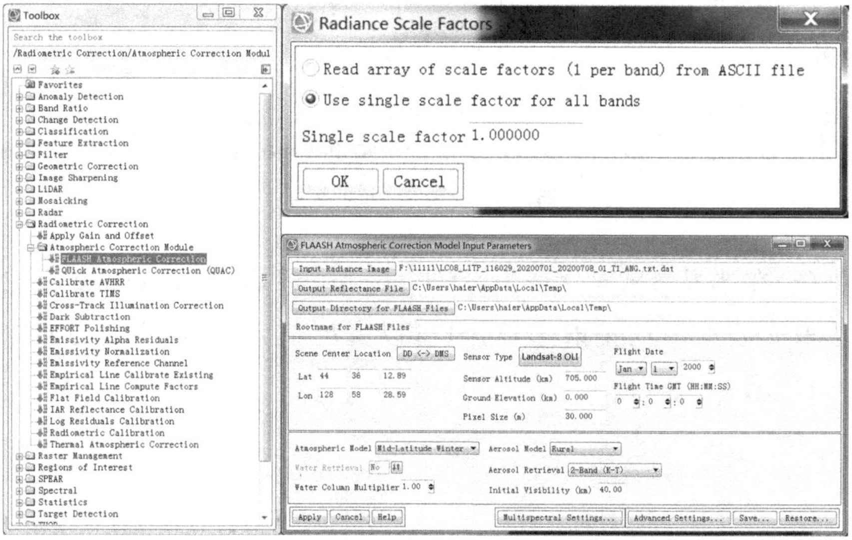

图 3-12　大气校正参数

(2)参数设置。单击“Input Radiance Image”，选择以上辐射亮度值数据“LC08_L1TP_116029_20200701_rh. dat”。打开“Radiance Scale Factors”对话框，选择“Use single scale factor for all bands (Single scale factor：1. 000000)”。单击“Output Reflectance File”按钮，选择输出文件名和路径。

(3)传感器与图像信息。纬度(Lat)、经度(Lon)，由 FLAASH 自动获取；传感器类型(Sensor Type)选择“LandSat-8 OLI”；海拔[Ground Elevation(km)]，选择区域平均海拔；影像日期、时间[Flight Date、Flight Time GMT(格林尼治时间)]，一般自动获取。

(4)多光谱设置(Multispectral Settings)。在“Defaults”下拉框中选择“Over-Land Retrieval Standard(660：2100)”。

(5)高级设置(Advanced Settings)：按照默认设置。如图 3 - 13 所示。

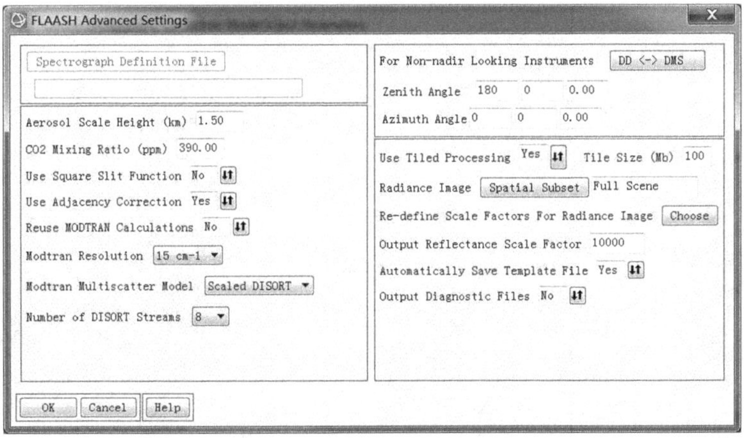

图 3 - 13　高级设置窗口

(6)单击“Apply”按钮，执行 FLAASH 大气校正。

第 4 章

数据获取与预处理

4.1 水环境遥感监测总体方案

水环境遥感是通过遥感数据获取水体表面信息来定量获取和分析水体中的物质信息，其关键问题是如何建立水体表面遥感信息与水体组分含量之间的反演算法。因此，本方案首先需要获取一定时间序列的镜泊湖水域水质监测数据（本研究主要是叶绿素 a 浓度），同时进行镜泊湖水面光谱数据的测量与同步卫星数据的获取，并在此基础上研究该水域水环境指标的可遥感性，指标反演对遥感数据的时间分辨率、空间分辨率和光谱分辨率的要求，特征光谱所在的具体位置、强度和斜率等。另外，本方案还探讨了以下一系列技术问题：该特征水域的最优反演方法以及不同方法的波段选择和组合，是否需要大气校正及大气校正的方法选择，如何提供遥感监测信息分析和处理手段等。在此基础上，建立镜泊湖水体环境遥感监测指标体系、镜泊湖水体环境遥感监测光谱数据库、镜泊湖特征水体环境遥感监测定量模型集和镜泊湖生态环境空间数据库等。最后，进行镜泊湖水体环境遥感实时监测平台的开发，快速完成对镜泊湖多源遥感数据的处理、融合、解译和信息提取，从而对镜泊湖水体生态环境进行实时监测。

镜泊湖水体环境遥感监测总体方案流程和技术路线如图 4－1、图4－2所示。

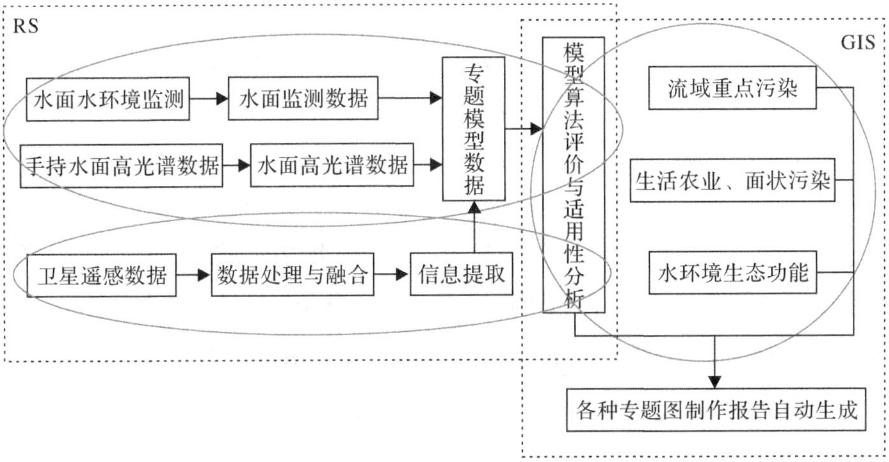

图 4-1　镜泊湖水体环境遥感监测总体方案流程

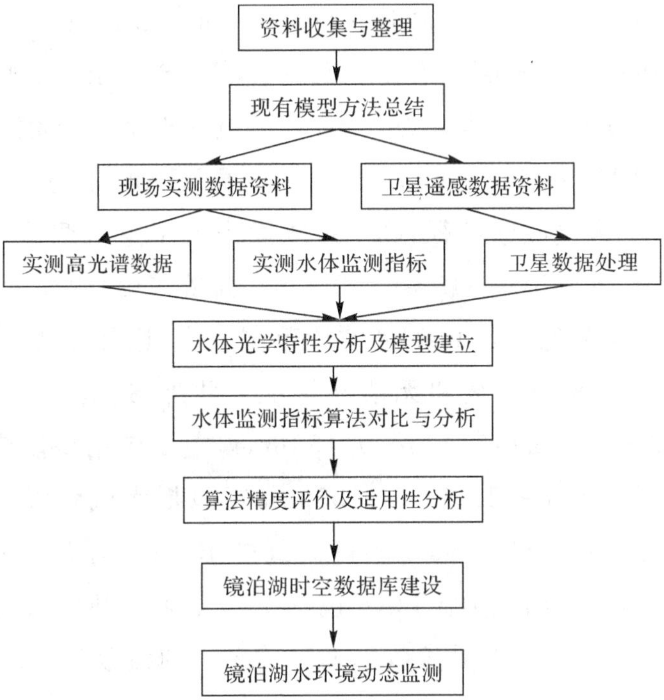

图 4-2　镜泊湖水体环境遥感监测技术路线图

4.2 数据源与数据预处理

4.2.1 数据源

本次水体监测数据源主要包括手持高光谱数据和多光谱卫星遥感数据，其中高光谱数据使用 ASD Field Spec HH 便携式地物光谱仪采集水面光谱数据，卫星遥感数据选择 Landsat 8 OLI 影像，数据来源于中国科学院信息中心地理空间数据云（http://www.gscloud.cn）。

1. 卫星遥感数据

Landsat 8 上携带陆地成像仪（Operational Land Imager，OLI）和热红外传感器（Thermal Infrared Sensor，TIRS）。其中，陆地成像仪包括 9 个波段，空间分辨率为 30m，其中包括 1 个 15m 的全色波段，成像宽幅为 185km×185km。OLI 包括了 ETM+ 传感器所有的波段，为了避免大气吸收特征，OLI 对波段进行了重新调整，比较大的调整是 OLI Band 5（0.845～0.885μm），排除了 0.825μm 处水汽吸收特征。OLI 全色波段 Band 8 波段范围较窄，这种方式可以在全色图像上更好地区分植被和无植被特征。此外，还有 2 个新增的波段：蓝色波段（Band 1：0.433～0.453μm），主要应用海岸带观测；短波红外波段（Band 9：1.360～1.390μm），包括水汽强吸收特征，可用于云检测。近红外 Band 5 和短波红外 Band 9 与 MODIS 对应的波段接近。热红外传感器 TIRS 包括 2 个单独的热红外波段，分辨率 100m。Landsat 8 卫星参数与携带传感器的参数和用途见表4－1和表 4－2。

表 4-1　Landsat 8 卫星参数

参数类型	具体参数
发射日期	2013 年 2 月 11 日
传感器	OLI、TIRS
海拔高度	705km
轨道倾角	98.2°
轨道类型	近极轨，太阳同步轨道
赤道穿越时间	当地时间上午 10:00(±15min)
轨道周期	99min
重访周期	16d

表 4-2　Landsat 8 卫星携带传感器参数及主要用途

传感器类型	波段	波长范围/μm	空间分辨率/m	主要应用
陆地成像仪 OLI	Band 1 Coastal (海岸波段)	0.433～0.453	30	主要用于海岸带观测
	Band 2 Blue (蓝波段)	0.450～0.515	30	用于水体穿透，分辨土壤植被
	Band 3 Green (绿波段)	0.525～0.600	30	用于分辨植被
	Band 4 Red (红波段)	0.630～0.680	30	处于叶绿素吸收区，用于观测道路、裸露土壤、植被种类等
	Band 5 NIR (近红外波段)	0.845～0.885	30	用于估算生物量，分辨潮湿土壤
	Band 6 SWIR 1 (短波红外 1)	1.560～1.660	30	用于分辨道路、裸露土壤、水，还能在不同植被之间有好的对比度，并且有较好的大气、云雾分辨能力
	Band 7 SWIR 2 (短波红外 2)	2.100～2.300	30	对岩石、矿物的分辨很有用，也可用于辨识植被覆盖和湿润土壤
	Band 8 Pan (全色波段)	0.500～0.680	15	黑白图像，用于增强分辨率
	Band 9 Cirrus (卷云波段)	1.360～1.390	30	包含水汽强吸收特征，可用于云检测

续表

传感器类型	波段	波长范围/μm	空间分辨率/m	主要应用
热红外传感器 TIRS	Band 10 TIRS 1（热红外 1）	10.60～11.19	100	感应热辐射的目标
	Band 11 TIRS 2（热红外 2）	11.50～12.51	100	感应热辐射的目标

通过查阅相关文献，表 4-3 总结了近些年来运用 Landsat 8 OLI 影像反演水质参数的时间、水域、采样点个数以及相关模型和模型精度。可以看出，由于空间分辨率优势，且数据比较容易获得，Landsat 数据已经逐渐得到内陆水体水质反演相关人员的青睐。尤其最新发射的 Landsat 8 OLI 数据，不仅提升了信噪比，并且具有 12bit 的辐射分辨率，同时与以往 Landsat 数据相比，它的无条纹图像也使它在建立相关经验模型方面具有更大的潜力。Dall'Olmo 等（2005）和 Gitelson 等（2008）很早就提出了关于估算叶绿素 a 浓度时所使用的红色波段和近红外波段的假设，最近研究也同样表明，Landsat 8 OLI 影像一些波段与叶绿素 a 浓度存在显著的相关性。

表 4-3　Landsat 8 卫星参数

时间	水域	采样点个数	波段	水质参数	最优模型	模型精度
2016—2018 年	乌梁素海	15	B_5/B_4	叶绿素 a	非线性	0.816
2016 年 6—10 月	巢湖	30	B_4 和 B_5	叶绿素 a	辐射传输	0.877
2014 年 10 月	太湖	28	B_2、B_3、B_4	叶绿素 a	多元方程	0.662
2020 年 4—10 月	沙湖	78	B_4	叶绿素 a	非线性	0.889
2014 年 7 月	鄱阳湖	25	B_4	叶绿素 a	非线性	0.916
2014 年 10 月	松嫩平原	31	$B_4/(B_2+B_3)$	叶绿素 a	非线性	0.821
2017—2019 年	香港近海	76	$(B_2+B_3)/(B_1+B_4)$	叶绿素 a	非线性	0.816
2019 年 12 月	后宫湖	13	B_5/B_4	叶绿素 a	非线性	0.790

续表

时间	水域	采样点个数	波段	水质参数	最优模型	模型精度
2015 年 9 月	东道海子	20	B_1、B_2、B_3、B_4、B_5	叶绿素 a	多元方程	0.984
2017 年 9 月	西湖	50	$(B_3-B_4)/(B_3+B_4)$	悬浮物	非线性	0.820
2015 年 1 月	珠江口	39	B_3	悬浮物	非线性	0.890
2016 年 8 月	黄河口	51	B_5	悬浮物	非线性	0.920
2016 年 7—9 月	太湖	40	B_1-B_7	生物需氧量	非线性	0.781
2015 年 7 月	乌梁素海	28	B_2、B_3、B_4	溶解性固体	多元方程	0.794
2016 年 5—10 月	博斯腾湖	17	B_5/B_1	透明度	线性	0.708
2013 年 11 月	汉江下游	60	$B_3/(B_1+B_5)$	浑浊度	非线性	0.882
2015 年 6 月	清河水库	25	B_4/B_5	总磷	非线性	0.604
2020 年 6 月	海河	41	B_3/B_7	总磷	非线性	0.705
			B_7	氨氮	非线性	0.789
			B_3-B_5	总氮	非线性	0.705
2016 年 3 月	淮河流域	20	$(B_2-B_4)/(B_2+B_4)$	氨氮	非线性	0.850
			$(B_3-B_4)/(B_3+B_4)$	总氮	非线性	0.930
			B_4/B_6	溶解氧	非线性	0.790
2015 年 10 月	艾比湖	49	$(B_3-B_5)/(B_3+B_5)$	化学需氧量	非线性	0.785
			$(B_1-B_7)/(B_1+B_7)$	悬浮物	非线性	0.548
			$(B_3-B_5)/(B_3+B_5)$	生物需氧量	非线性	0.559
			$(B_3-B_5-B_6)/(B_3+B_5+B_6)$	总磷	非线性	0.501
			$(B_3-B_5)/(B_3+B_5)$	溶解氧	非线性	0.525
			$(B_1-B_7)/(B_1+B_7)$	pH	非线性	0.592
			$(B_2-B_7)/(B_2+B_7)$	色度	非线性	0.300
			B_2、B_3、B_5、B_6、B_7	浑浊度	多元方程	0.596

2. 手持水面高光谱数据

水体表面的反射光谱测量使用的是由美国分析光谱仪器公司制造的便携式地物光谱仪(ASD Field Spec HH),该仪器测定的光谱范围为350～1050nm,光谱分辨率3.5nm,采样间隔为1.5nm。本研究所用测量方法:仪器的动态范围大于等于5个量级,且在光谱测定动态范围内保持10以上的信噪比。同时,测量时天气晴朗,无云遮挡,测量高度为离水面1m处,确保标准板反射率30%条件下,标准板辐射亮度达$30\mu W \cdot cm^{-2} \cdot nm^{-1} \cdot sr^{-1}$,水体最小值$3\times10^{-3}\mu W \cdot cm^{-2} \cdot nm^{-1} \cdot sr^{-1}$左右。为了尽可能地避免水体对太阳的直射反射,减少太阳耀斑和船体对水面光谱的影响,水面光谱的观测如图4-3所示。

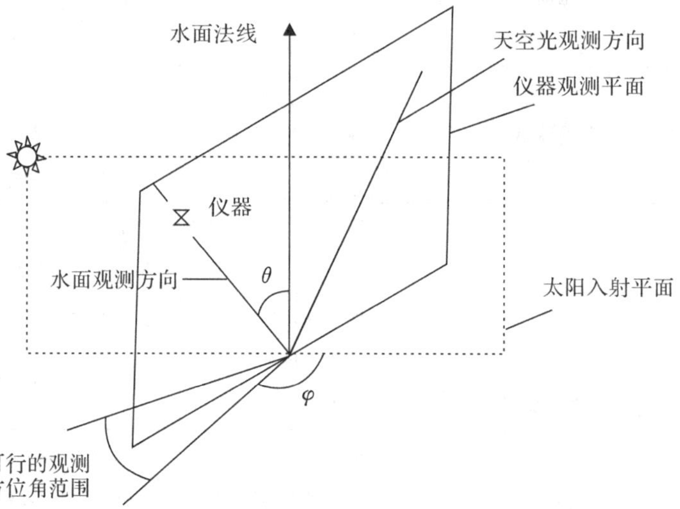

图4-3　水面光谱观测几何图

为准确获取环境遥感的基本参数,测量前,光谱仪进行了绝对辐射定标,而且为避免将随机的太阳直射平均到测量数据中,在观测水体时关闭了仪器自动增益调整和内部平均功能;设置采样间隔,每个采样点测量10次取平均值作为采样点的光谱值,且测量时间至少跨越一个波浪周期，以最大化修正因测量仪器摇摆晃动而产生的误差；每隔一段时间进行一次波长参考板校准测量，且在后期数据处理中舍弃数值较高的(较低的)异常曲线。

3. 叶绿素 a 同步采样数据

本次水样同步采集，采样点充分考虑光谱采集范围内水质的均一性，以便进行实验室水质分析。实验室水样浓度测量方法根据国家标准进行质量控制，分析方法以《地表水环境质量标准》(GB 3838—2002)推荐的方法为准。采样方法参照中华人民共和国国家环境保护标准《水质 采样方案设计技术规定》(GB/T 1299—1991)。

为保证水质采样具有空间代表性，能够反映测量区水质的整体特征，本次采样点分布较为均一，以便能够最大限度地将水体表层"点数据"和遥感影像的"面数据"对应起来。考虑到卫星遥感反演的应用，以实现同步测量，本次实地测量时考虑了卫星过境时间、天气预报等多方面因素。基于此，本次实验的两次水体采样在南湖入水，每隔一段距离采一个点，通过 GPS 定位，共获取 50 个水样，后经过筛选剔除异常点，最后选取 45 个有效采样点，采样点分布如图 4-4 所示。在采取水样的同时，记录采样点处水体透明度、水深、表面水温等相关数据。

4. 其他环境参数数据

其他环境参数数据主要包括：采样点的具体位置，水体的深度、透明度，水温状况，天气状况(如风速、风向、云量和能见度)和水面状态(如浪高、泡沫等)等，如表 4-4 所示。

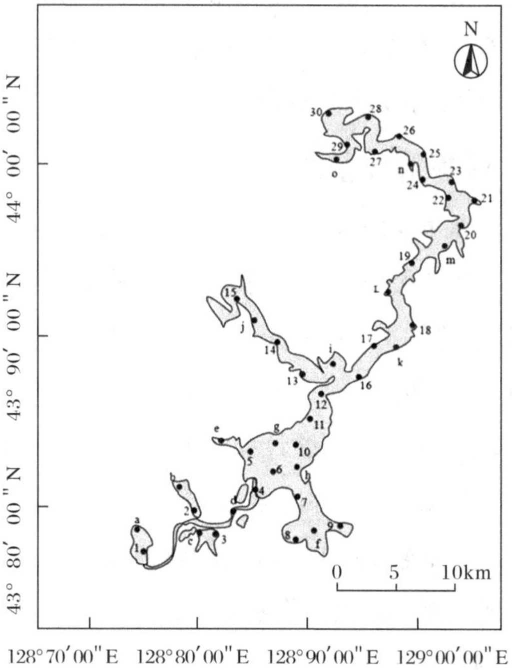

图 4-4 镜泊湖采样点分布示意图

表 4-4 采样点观测记录表

采样点记录表			
采样点标号		测量时间	
东经		北纬	
大气状况			
风速		风向	
天空云量		大气能见度	
水质参数			
水深		水体透明度	
表层水温		水色	
浪高		是否有泡沫	
观测人员			
其他特殊情况说明			

4.2.2　数据预处理

1. 卫星遥感数据

在遥感影像中，水体信息一般较弱，与其他地物相比，更容易受太阳辐射、大气层、平台位置和传感器灵敏度等因素的影响。因此，在水环境遥感监测中，遥感影像的预处理及其准确性尤为重要。本次水体环境遥感监测方案影像预处理流程如图 4－5 所示。

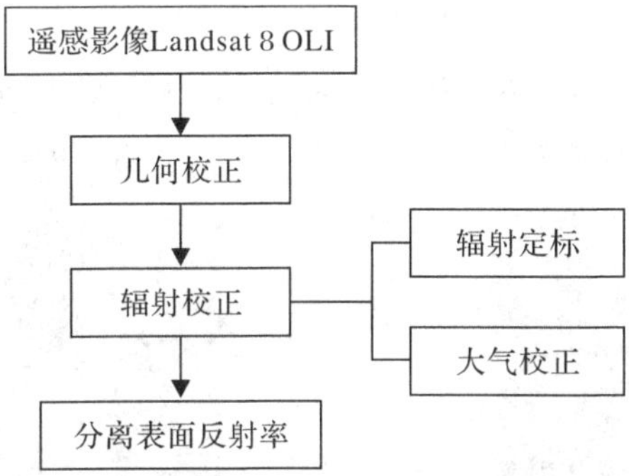

图 4－5　镜泊湖遥感影像预处理流程

几何校正一般包括精确选取地面控制点、选择空间变换函数、重采样和内插三部分。空间变换函数常选多项式模型，尤其是二次多项式模型。用于几何校正的主要内插方法有最邻近内插法、双线性内插和三次卷积内插三种。分离表面反射和离水辐射是要在水环境遥感中消除大气程辐射和水面反射所造成的噪音影响，有效分离出只包含水体成分信息的那部分辐射能。本次遥感影像数据文件已经经过了带 DEM 的地形校正，坐标精度基本能满足中小比例尺的要求，因此本次预处理流程未进行几何校正。

辐射校正是通过辐射定标、大气校正过程来完成从图像灰度值(DN 值)到绝对辐射亮度，进而提取遥感反射率的过程。其中，辐射定标是灰度值转换为绝对的辐射亮度的过程。通常需要计算地物光谱辐射亮度,或者需要对不同时间、不同地点或不同传感器获取的影像进行比较时,须将图像的灰度值转换为绝对的辐射亮度。大气校正则是将影像辐射亮度转换为地表反射率的过程。通常传感器测得的地面绝对辐射亮度并不是地表真实反射率,这其中包含了由大气吸收、大气散射作用造成的辐射误差。大气校正就是为了消除这些由大气作用产生的辐射误差所造成的影响,从而还原地表真实反射率的过程。按照“3.4.2 Landsat FLAASH 大气校正”流程处理本次遥感影像,部分水域对比情况见图 4－6。

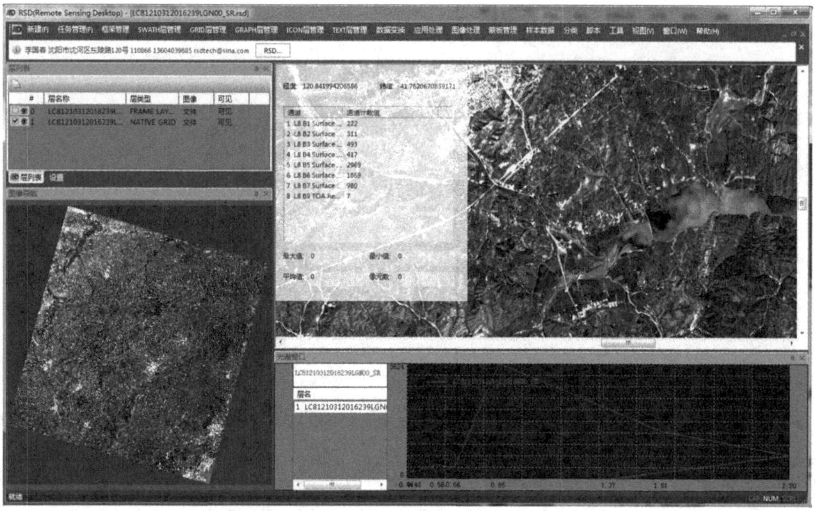

图 4－6　大气校正前后对比

2. 手持高光谱仪数据

ASD Field Spec HH 手持光谱仪实际测量的是目标离水的辐射强度,受测定时光照强度和仪器稳定性等条件影响较大。为获取真实水体反射率值,必须与同步测定的参考板辐射强度相比较,来获取水体的相对反射率。另外,由于水体表面组成复杂,每幅影像像元点对应的水体表面并不纯粹,它的光谱一般是由多种光谱组合而成的。

因此，直接从光谱曲线上获取光谱特征并不利于计算，还需对光谱曲线做进一步的处理来突出光谱的吸收和反射特征，主要包括光谱归一化、一阶微分、包络线消除处理等。其目的是寻找能反映水质参数(如叶绿素 a)的光谱特征。

在利用水体光谱反射率数据建立遥感定量反演模型过程中，数据处理的方法很重要。若原始数据处理得当，可以使在不同时间、地点与大气条件下测得的水体光谱具有一定的时间和空间对比性。原始数据的校正是由 ASD 自带软件自动完成的，主要包括原始数据辐射强度中暗电流去除、各光谱数据通道的增益校准和波长订正等。灰度值(DN 值)转换为反射率需要在 ASD 自带软件中按步骤完成。软件默认的为灰度值，在软件“process”选项中的 ASCII 提取中，可以将 DN 值转换成反射率值。遥感反射率 $R_{rs}(\lambda)$可由公式(4－1)计算。将每个样点处理得到的多个光谱反射率曲线进行算数平均处理，最后将平均值作为该样点的光谱值，这样可以在一定程度上减小测量中的不稳定性，从而让结果更加接近真实的自然状况和具有代表性、可信性。

$$R_s(\lambda)=R_p(\lambda)\frac{L_w(\lambda)}{\pi L_d(\lambda)}=\frac{L_w(\lambda)}{E_d(\lambda)} \tag{4-1}$$

式中，$R_p(\lambda)$为参考板的反射率；$L_w(\lambda)$为离水辐射亮度；$E_d(\lambda)$为水表面总入射辐射照度。在忽略直射反射和水面泡沫的情况下，水体的光谱辐射亮度 L_{sw}可以由以下部分组成：

$$L_{sw}(\lambda)=L_w(\lambda)+r\cdot L_{\text{sky}}(\lambda) \tag{4-2}$$

式中，$L_{sw}(\lambda)$为仪器对着水面测量获得的测量值；r 为水面的反射率，一般取 0.02 左右，受水面粗糙度、观测几何和天空条件影响；$L_{\text{sky}}(\lambda)$为仪器对着天空测量获得的测量值。

因此，反射率可表示为

$$R_s(\lambda)=\frac{L_w(\lambda)}{E_d(\lambda)}=R_p(\lambda)\frac{L_w(\lambda)}{\pi L_d(\lambda)}=R_p(\lambda)\frac{L_{sw}(\lambda)-rL_{\text{sky}}(\lambda)}{\pi L_d(\lambda)} \tag{4-3}$$

镜泊湖水体光谱反射率曲线如图 4－7 所示。

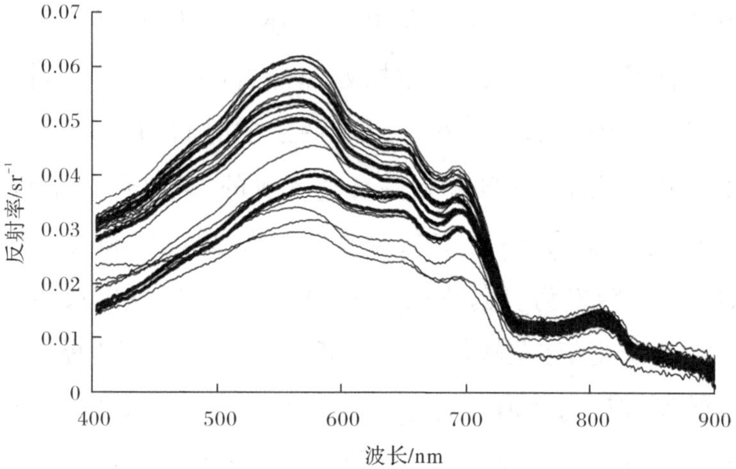

图 4－7　镜泊湖水体光谱反射率曲线

对光谱数据作归一化处理就是把太阳照射点移动到测量点的正上方，从而减弱大气的影响。目前对遥感反射率归一化处理采用的方法是对反射光谱可见光波段（420～750nm）作平均处理，然后再将各个波段的反射率除以该平均值。具体公式如下：

$$R_n(\lambda_i)=\frac{R(\lambda_i)}{\frac{1}{n}\sum_{i=420}^{750}R(\lambda_i)} \tag{4-4}$$

镜泊湖水体反射率光谱曲线通过公式（4－4）处理后，得到反射率归一化曲线，见图 4－8。与图 4－7 对比可以看出，原始水体遥感反射率曲线经过归一化处理后，曲线变得相对集中，在某些程度上可以抑制和减轻环境因素不同而对光谱曲线造成的整体性降低。

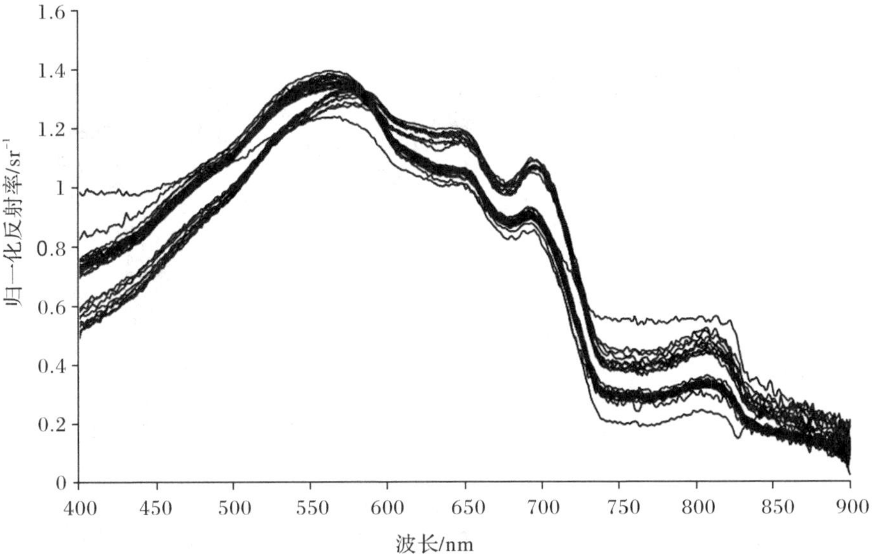

图 4-8　镜泊湖水体光谱反射率归一化曲线

光谱数据的一阶微分处理是处理高光谱遥感数据的一种重要方法。它主要是对反射光谱曲线进行微分处理来确定曲线的拐点及最大(小)反射率位置。通常认为,对光谱曲线的一阶微分处理可以去除部分线性或接近线性的背景噪声对目标光谱的影响。由于使用 ASD Field Spec HH 光谱仪采集的是离散型数据,因此光谱数据的一阶微分可以采用"2.3.2 经验方法"中公式(2-51)进行处理。结果见图 4-9。

光谱测量数据的包络线消除处理也是一种常用的光谱处理方法,其目的是更有效地突出光谱曲线的吸收和反射特征,并将其归一到一致的光谱背景上,从而利于与其他光谱曲线进行比较。

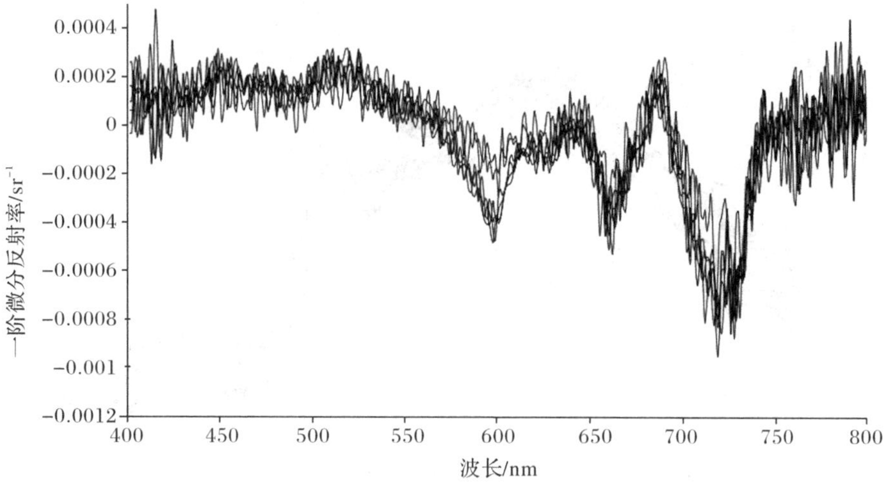

图 4-9 镜泊湖水体(部分采样点)光谱反射率一阶微分曲线

3. 叶绿素 a 同步采样数据

本次实验水样中叶绿素 a 浓度测定采用了生态环境部 2017 年发布的水中叶绿素 a 测定标准，该标准采用分光光度法，适用于地表水中叶绿素 a 的测定。其原理是将一定量样品用滤膜过滤截留藻类，研磨破碎藻类细胞，用丙酮溶液提取叶绿素，离心分离后分别于 750nm、664nm、647nm 和 630nm 波长处测定提取液吸光度，根据公式计算水中叶绿素 a 的浓度。具体实验过程见表 4-5。

表 4-5 实验过程(修改自《水质 叶绿素 a 的测定 分光光度法(HJ 897—2017)》

实验过程	具体步骤
试剂与材料	丙酮(CH_3COCH_3)、碳酸镁($MgCO_3$)、丙酮溶液(在 900mL 丙酮中加入 100mL 实验用水)、碳酸镁悬浊液(称取 1.0g 碳酸镁，加入 100mL 实验用水，搅拌成悬浊液，使用前充分摇匀)、玻璃纤维滤膜(直径 47mm，孔径为 0.45～0.7μm)

续表

实验过程	具体步骤
仪器和设备	采样瓶(500mL 具磨口塞的棕色玻璃瓶)、过滤装置(配真空泵和玻璃砂芯过滤装置)、研磨装置(玻璃研钵或其他组织研磨器)、离心机(转速 3000～4000r/min)、玻璃刻度离心管(15mL,旋盖材质不与丙酮反应)、可见分光光度计(配 10mm 石英比色皿)、针式滤器(0.45μm 聚四氟乙烯有机相针式滤器)、实验室其他常用仪器和设备
样品保存	样品采集后应在 0℃～4℃避光保存、运输,24h 内运送至检测实验室过滤(若样品 24h 内不能送达检测实验室,应现场过滤,滤膜避光冷冻运输),样品滤膜于－20℃避光保存,14d 内分析完毕
过滤	在过滤装置上装好玻璃纤维滤膜。根据水体的营养状态确定取样体积,用量筒量取一定体积的混匀样品,进行过滤,最后用少量蒸馏水冲洗滤器壁。过滤时,负压不超过 50kPa,在样品刚刚完全通过滤膜时结束抽滤,用镊子将滤膜取出,将有样品的一面对折,用滤纸吸干滤膜水分
研磨	将样品滤膜放置于研磨装置中,加入 3～4mL 丙酮溶液研磨至糊状。补加 3～4mL 丙酮溶液,继续研磨,并重复 1～2 次,保证充分研磨 5min 以上。将完全破碎后的细胞提取液转移至玻璃刻度离心管中,用丙酮溶液冲洗研钵及研磨杵,一并转入离心管中,定容至 10mL
浸泡提取	将离心管中的研磨提取液充分振荡混匀后,用铝箔包好,放置于 4℃避光浸泡提取 2h 以上,不超过 24h。在浸泡过程中,要颠倒摇匀 2～3 次
离心	将离心管放入离心机,以 3000～4000r/min 转速离心 10min。然后用针式滤器过滤上清液得到叶绿素 a 的丙酮提取液(试样),待测
试样测定	将试样移至比色皿中,以丙酮溶液为参比溶液,于波长 750nm、664nm、647nm、630nm 处测量吸光度,750nm 波长处的吸光度应小于 0.005,否则需重新用针式滤器过滤后测定

样品中叶绿素 a 的质量浓度,按照公式(4－5)进行计算:

$$\rho_1 = 11.85 \times (A_{664} - A_{750}) - 1.54 \times (A_{647} - A_{750}) - 0.08 \times (A_{630} - A_{750}) \tag{4-5}$$

式中，ρ_1 为样品中叶绿素 a 的质量浓度，mg/L；A_{664} 为样品在 664nm 波长下的吸光度值；A_{647} 为样品在 647nm 波长下的吸光度值；A_{630} 为样品在 630nm 波长下的吸光度值；A_{750} 为样品在 750nm 波长下的吸光度值。

样品中叶绿素 a 的质量浓度单位为 μg/L，可按照公式进行换算：

$$\rho = \frac{\rho_1 \cdot V_1}{V} \tag{4-6}$$

式中，ρ 是样品中叶绿素 a 的质量浓度，μg/L；ρ_1 是样品中单位为 mg/L 叶绿素 a 的质量浓度；V_1 是样品的定容体积，mL；V 为取样体积，L。

通过上述方法测量的镜泊湖采样点水质参数结果见表 4-6。

表 4-6　镜泊湖采样点水质参数数据

水质参数	最大值	最小值	平均值	方法
叶绿素浓度/(μg/L)	3.208	0.622	4.360	比色法
透明度/cm	52	30	46	塞氏盘法

第 5 章

高光谱数据分析与反演

5.1 镜泊湖水体反射率光谱特征

水体的光谱特征是由水体中各种物质对辐射的吸收和散射性质决定的。通过研究水体光谱特征、优化光谱波段组合，从而获取最佳光谱信息，是环境遥感监测的基础。在内陆水体中，决定光谱反射率特性的物质主要包括三类，即以藻类为代表的浮游植物；浮游植物死亡产生的有机碎屑或湖底底泥悬浮产生的无机悬浮颗粒；由黄腐酸、腐殖酸组成的溶解性有机物，通常称为黄色物质。另外，水底地形、水深和水面粗糙度等因素也会在一定程度上影响水体光谱特征。通常认为 700nm 附近反射峰是含藻类水体最显著的光谱特征，其存在被认为是判定水体含有藻类的依据之一。因此，该反射峰的位置和高度是水体叶绿素 a 浓度的重要指示(Gitelson,1992)。

图 5 - 1 显示了镜泊湖水体在 400～900nm 范围内的反射率光谱曲线，可以看出，其光谱响应具有典型的内陆水体光谱特征。即在波长 420～500nm 范围，由于叶绿素、类胡萝卜素以及溶解性有机物质的吸收，水体反射率较低，总体上呈上升趋势(Kirk,1994)。在 550～570nm 范围，由于叶绿素、胡萝卜素弱吸收和无机悬浮物、浮游植物细胞壁的散射作用，水体出现反射峰。在 620～630nm 范围，由于藻蓝蛋白色素的吸收加强，反射率降低，出现一个反射谷。在 675nm 附近，由于叶绿素在红波段的强烈吸收，细胞壁散射均衡，对藻类密度和叶绿素浓度反射的敏感度降低，出现另外一个反射谷。当叶绿素浓度到达一定程度时，此处的反射几乎与叶绿素无关，主要取决于无机悬浮物质的浓度。在 700nm 附近，叶绿素 a 浓度与反射峰的位置成正相关，是水体光谱曲线的另外一个反射峰，并且是由于植物色素的荧光效应所引起的，故也称为荧光峰，因此，通常用该波段反射峰的位置和数值来判断叶绿素 a 浓度。在 750nm 附近，由于水体在近

红外范围内强吸收，该处的反射依赖于有机和无机悬浮物质的浓度，对藻类色素并不敏感。

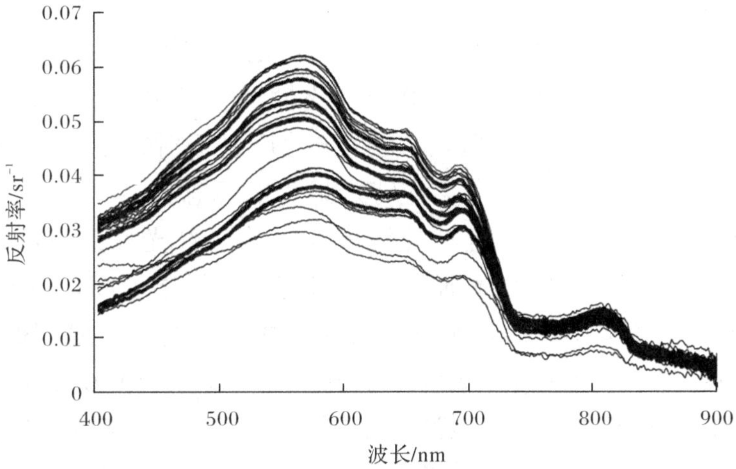

图 5－1　镜泊湖水体光谱反射率曲线

5.2　镜泊湖叶绿素 a 浓度反演模型

根据前面敏感波段分析，原始反射率各波段数据与叶绿素 a 浓度之间的相关系数都很小，说明镜泊湖水体受非色素的悬浮物和黄色物质等叶绿素 a 之外的其他水质因素影响较大。因此，此次采样数据并不适合用原始数据的单波段因子来建立叶绿素 a 的估算模型。结合实测光谱数据，本研究使用波段比值模型、三波段模型、四波段模型、WCI 模型、NDCI 模型、荧光峰高度模型、荧光峰位置模型和荧光峰面积模型，对镜泊湖叶绿素 a 浓度进行反演与评估。回归模型的拟合度采用决定系数 R^2 值来评定，它的大小表示离差平方和中可以由回归平方和解释的比例，代表了自变量与因变量相关的密切程度。当 R^2 值越接近 1 时，表示回归模型的参考价值越高；相反，R^2 值越接近 0 时，表示回归模型的参考价值越低。

5.2.1 波段比值模型

波段比值模型，又称比值增强模型，通常是结合叶绿素 a 光谱特征选取 2 个波段的比值作为叶绿素 a 浓度的反演因子，通过构建回归方程建立的叶绿素 a 浓度反演模型。比值增强的主要作用是可增强地物波谱特征间的微小差别，突出地物的反射辐射特征，且一些特定波段的简单比值可作为识别某些特定地物的标志。

水环境遥感通常使用近红外波段反射峰与红光反射谷波段的比值来估算叶绿素 a 浓度。本研究利用研究区采样数据库，将最优波段特征值作为自变量，同步实测的叶绿素 a 浓度作为因变量，通过回归分析后，所建立的叶绿素 a 浓度反演模型见图 5－2。λ_1 和 λ_2 分别选择 693nm 和 680nm，拟合趋势线选择了简单线性方程、多项式方程、指数方程和对数方程。其中，多项式方程 $y=609.77x^2-1263.7x+655.93$ 拟合度较好，决定系数 R^2 值达到 0.7407，优于简单线性方程 $y=18.331x-17.629$ 等其他模型。

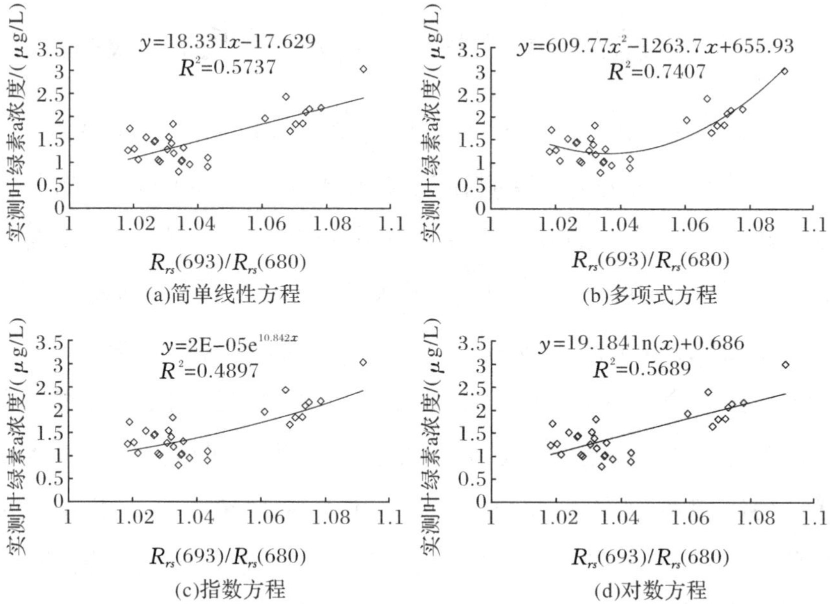

(a)简单线性方程 (b)多项式方程

(c)指数方程 (d)对数方程

图 5－2 波段比值模型

对于模型的反演效果，本研究采用均方根误差(RMSE)和平均相对误差(MAPE)来评价。RMSE 是预测值与实测值偏差的平方与观测次数 n 比值的平方根，用来衡量观测值与实测值之间的偏差。其公式可表示为

$$\mathrm{RMSE}=\sqrt{\frac{1}{n}\sum_{i=1}^{n}(x_i^{\mathrm{observed}}-x_i^{\mathrm{predicted}})^2} \qquad (5-1)$$

平均相对误差是指预测值与实测值的绝对误差与实测值比值的平均值，常以百分比表示。一般来说，平均相对误差更能反映回归模型的可信程度。其公式可表示为

$$\mathrm{MAPE}=\frac{1}{n}\sum_{i=1}^{n}\frac{\left|x_i^{\mathrm{observed}}-x_i^{\mathrm{predicted}}\right|}{x_i^{\mathrm{observed}}}\times 100\% \qquad (5-2)$$

利用检验数据，对 $y=18.331x-17.629$ 和 $y=609.77x^2-1263.7x+655.93$ 两种模型的反演精度进行评价，评价结果见图 5-3。其中，简单线性模型 $y=18.331x-17.629$ 的 RMSE 为 0.38μg/L，MAPE 达到 22.1%；多项式模型 $y=609.77x^2-1263.7x+655.93$ 的 RMSE 为 0.42μg/L，MAPE 达到 22.5%。

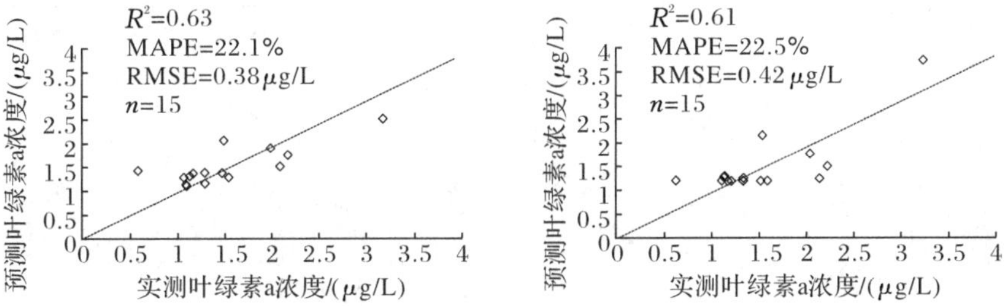

(a)简单线性方程　(b)多项式方程

图 5-3　波段比值模型估算值与实测值对比

5.2.2　三波段模型

三波段模型是利用高光谱的 3 个波段数据对特定水质参数浓度进行反演，由于在波段选择上尽可能地减少其他水体组分的干扰，因此模型在一定程度上对特定水质参数的适用性较好，具有较高的反演精度。本研究利用研究区采样数据库，将最优波段组合特征值作为自变量，同步实测的叶绿素 a 浓度为因变量，通过回归分析后，所建立的叶绿素 a 浓度反演模型见图 5－4。λ_1、λ_2 和 λ_3 分别选择 697nm、676nm 和 740nm，拟合趋势线选择了简单线性方程、多项式方程、指数方程和对数方程。其中，多项式方程 $y=843.47x^2+8.8931x+1.1419$ 拟合度较好，决定系数 R^2 值达到 0.7922，优于简单线性方程 $y=37.403x+1.0431$ 等其他模型。

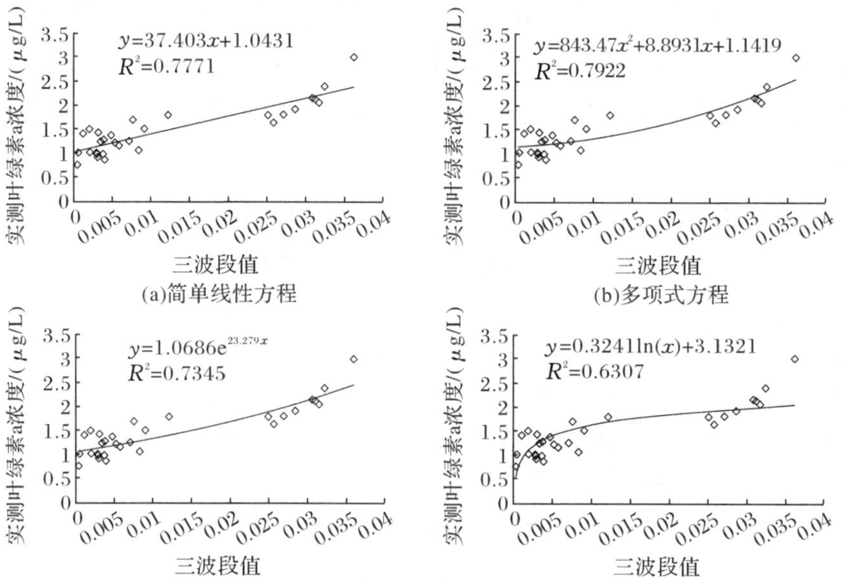

(a)简单线性方程　(b)多项式方程　(c)指数方程　(d)对数方程

图 5－4　三波段模型

利用检验数据，对 $y=37.403x+1.0431$ 和 $y=843.47x^2+8.8931x+1.1419$ 两种模型的反演精度进行评价，评价结果见图 5－5。其中，简单线性模型 $y=37.403x+1.0431$ 的 RMSE 为 0.44μg/L，MAPE 达到 30.2％；多项式模型 $y=843.47x^2+8.8931x+1.1419$ 的 RMSE 为 0.40μg/L，MAPE 达到 24.5％。

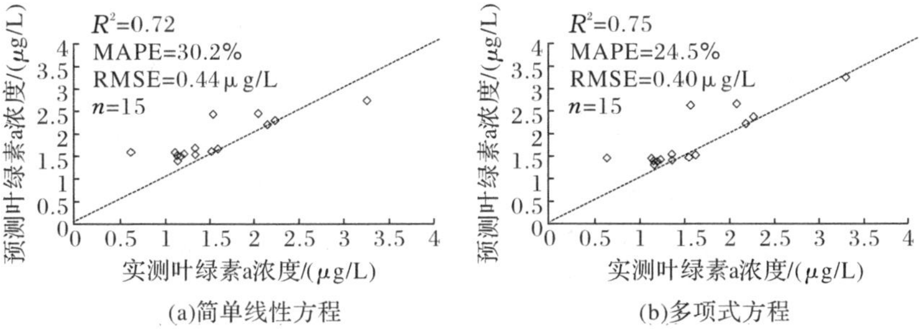

图 5－5　三波段模型估算值与实测值对比

5.2.3　四波段模型

为了更好地削弱悬浮颗粒吸收和后向散射的影响，在三波段模型的基础上，引入第 4 个近红外波段，建立四波段模型。本研究利用研究区采样数据库，将最优波段特征值作为自变量，同步实测的叶绿素 a 浓度为因变量，通过回归分析后，所建立的叶绿素 a 浓度反演模型见图 5－6。λ_1、λ_2、λ_3 和 λ_4 分别选择 693nm、681nm、733nm、766nm，拟合趋势线选择了简单线性方程、多项式方程、指数方程和对数方程。其中，多项式方程 $y=57.027x^2-3.0242x+1.237$ 拟合度较好，决定系数 R^2 值达到 0.7264，优于简单线性方程 $y=8.5154x+0.821$ 等其他模型。

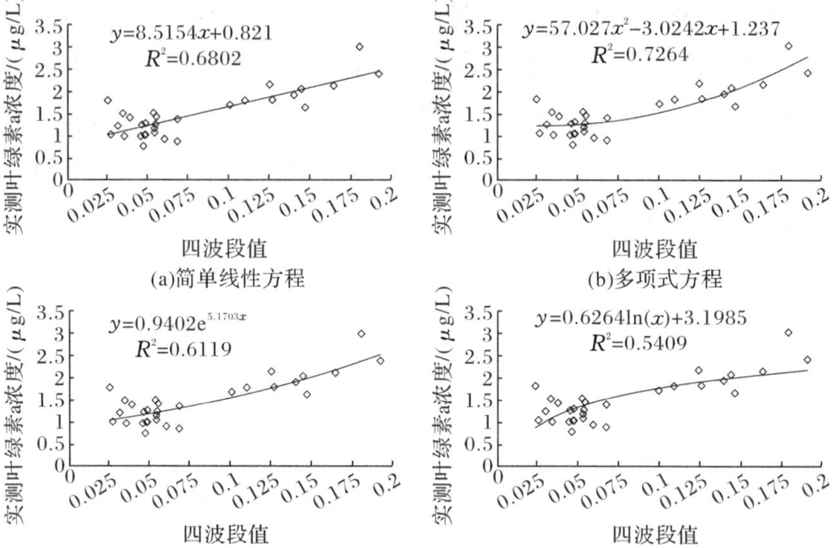

(a)简单线性方程　(b)多项式方程

(c)指数方程　(d)对数方程

图 5-6　四波段模型

利用检验数据，对 $y=8.5154x+0.821$ 和 $y=57.027x^2-3.0242x+1.237$ 两种模型的反演精度进行评价，评价结果见图 5-7。其中，简单线性模型 $y=8.5154x+0.821$ 的 RMSE 为 0.45μg/L，MAPE 达到 20.0%；多项式模型 $y=57.027x^2-3.0242x+1.237$ 的 RMSE 为 0.64μg/L，MAPE 达到 22.9%。

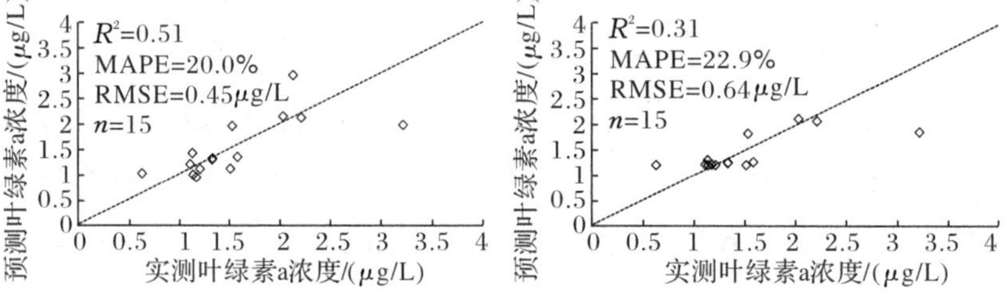

(a)简单线性方程　(b)多项式方程

图 5-7　四波段模型估算值与实测值对比

5.2.4　NDCI 模型

NDCI 模型是利用红外和近红外波段的遥感反射率的差值进行归一化处理，以消除不同季节太阳方位角和大气条件等因素的影响。本研究利用研究区采样数据库，将最优波段特征值作为自变量，同步实测的叶绿素 a 浓度为因变量，通过回归分析后，所建立的叶绿素 a 浓度反演模型见图 5－8。λ_1 和 λ_2 分别选择 693nm 和 680nm，拟合趋势线选择了简单线性方程、多项式方程、指数方程和对数方程。其中，多项式方程 $y=2754.8x^2-98.116x+2.061$ 拟合度较好，决定系数 R^2 值达到 0.7419，优于简单线性方程 $y=38.39x+0.6858$ 等其他模型。

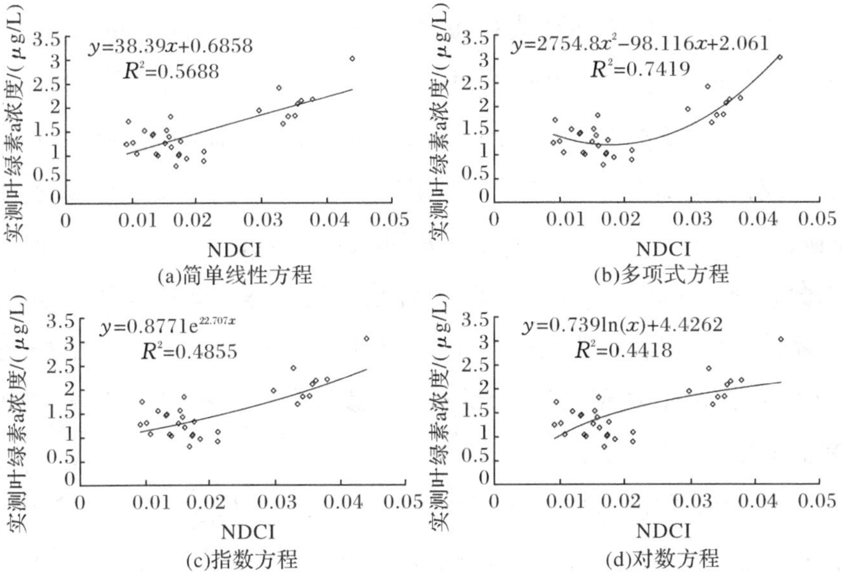

图 5－8　NDCI 模型

利用检验数据，对 $y=38.39x+0.6858$ 和 $y=2754.8x^2-98.116x+2.061$ 两种模型的反演精度进行评价，反演结果见图 5－9。其中，简单线性模型 $y=38.39x+0.6858$ 的 RMSE 为 0.38μg/L，MAPE 达到

22.4％；多项式模型 $y=2754.8x^2-98.116x+2.061$ 的 RMSE 为 0.42μg/L，MAPE 达到 22.3％。

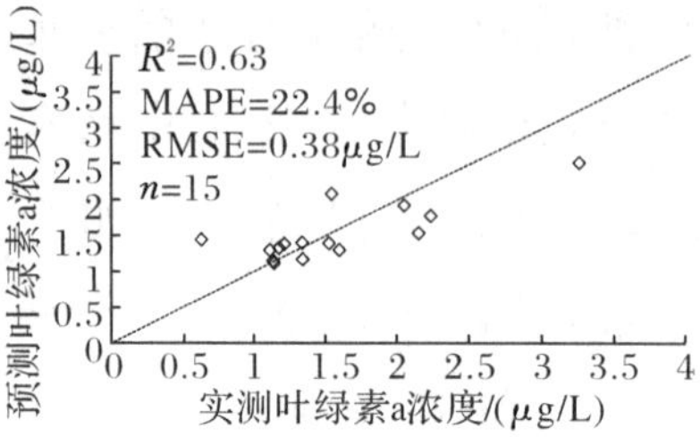

(a)简单线性方程

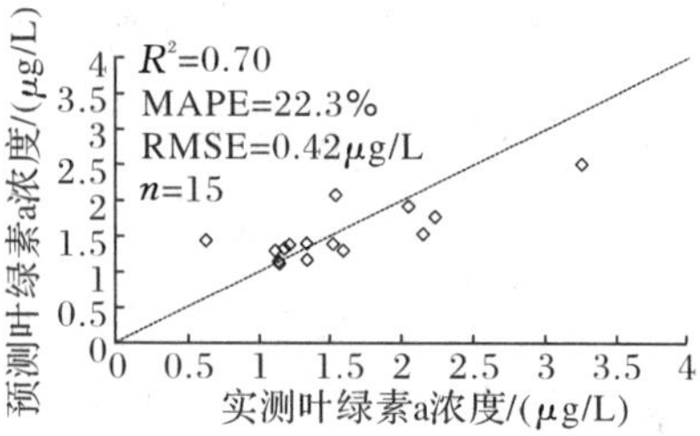

(b)多项式方程

图 5－9 NDCI 模型估算值与实测值对比

5.2.5 WCI 模型

WCI 模型是建立在地表植被叶绿素监测指数 MTCI 的基础上，模型选择水体叶绿素 a 强吸收波段 677nm 作为第三波段，通过决定系数最优原则，逐步迭代确定前两个波段。本研究利用研究区采样数据库，将最优波段特征值作为自变量，同步实测的叶绿素 a 浓度为因变量，通过回归分析后，所建立的叶绿素 a 浓度反演模型见图 5－10。本研究 λ_1 和 λ_2 分别选择 650nm 和 688nm，拟合趋势线选择了简单线性方程、多项式方程、指数方程和对数方程。其中，指数方程 $y=2.186e^{-0.062x}$ 拟合度较好，决定系数 R^2 值达到 0.5082，优于简单线性方程 $y=-0.0936x+2.1518$ 等其他模型。

利用检验数据，对 $y=-0.0936x+2.1518$ 和 $y=2.186e^{-0.062x}$ 两种模型的反演精度进行评价，评价结果见图 5－11。其中，简单线性模型 $y=-0.0936x+2.1518$ 的 RMSE 为 0.41μg/L，MAPE 达到 19.1％；指数模型 $y=2.186e^{-0.062x}$ 的 RMSE 为 0.42μg/L，MAPE 达到 19.2％。

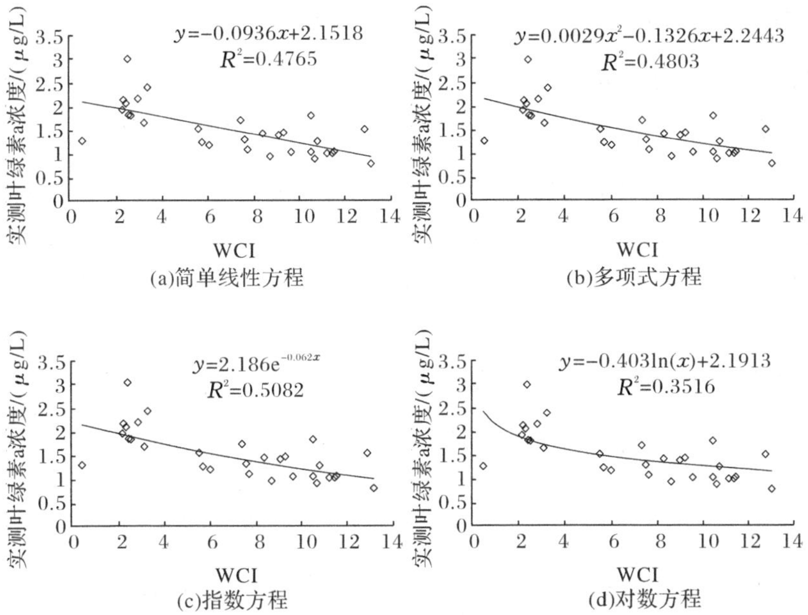

图 5-10　WCI 模型

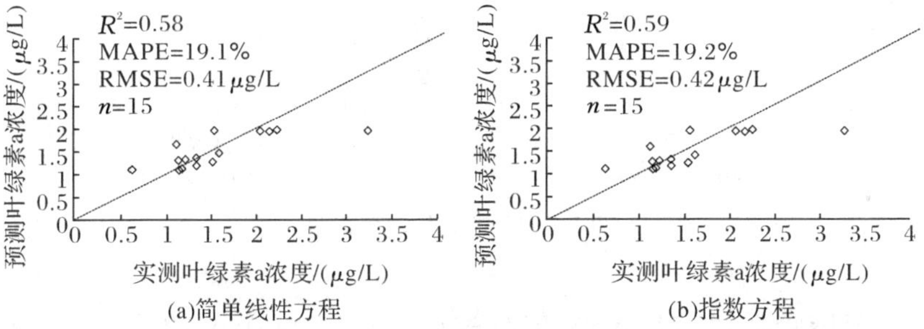

图 5-11　WCI 模型估算值与实测值对比

5.2.6　荧光峰位置模型

在 700nm 附近的近红外波段，是水体光谱曲线的另外一个反射峰，它由植物色素的荧光效应所引起，也称为荧光峰。经研究发现，水体叶绿素 a 浓度与该反射峰的位置成正相关，因此通常用该波段反射峰的位置和数值来判断水体叶绿素 a 浓度。本研究利用研究区采样数据库，将最优波段组合特征值作为自变量，同步实测的叶绿素 a 浓度为因变量，通过回归分析后，所建立的叶绿素 a 浓度反演模型见图 5－12。本研究荧光峰位置模型拟合趋势线选择了简单线性方程、多项式方程、指数方程和对数方程。其中，多项式方程 $y=0.0172x^2-23.732x+8183.9$ 拟合度较好，决定系数 R^2 值达到 0.7212，优于简单线性方程 $y=0.157x-107.4$ 等其他模型。

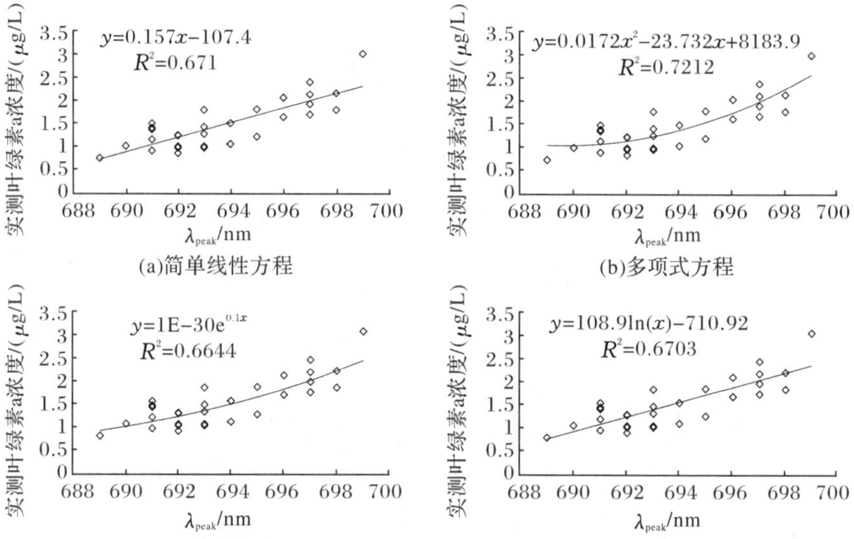

(a)简单线性方程　(b)多项式方程　(c)指数方程　(d)对数方程

图 5－12　荧光峰位置模型

利用检验数据，对 $y=0.157x-107.4$ 和 $y=0.0172x^2-23.732x+8183.9$ 两种模型的反演精度进行评价，反演结果见图 5－13。其中，简单线性模型 $y=0.157x-107.4$ 的 RMSE 为 0.63μg/L，MAPE 达到 46.3%；多项式模型 $y=0.0172x^2-23.732x+8183.9$ 的 RMSE 为 0.56μg/L，MAPE 达到 41.9%。相对于其他模型，荧光峰位置模型的验证精度相对较低，其主要原因可能与本次采样数据叶绿素浓度相对偏低，浓度值跨度较小导致荧光峰位置相对较为接近，甚至相同有关。

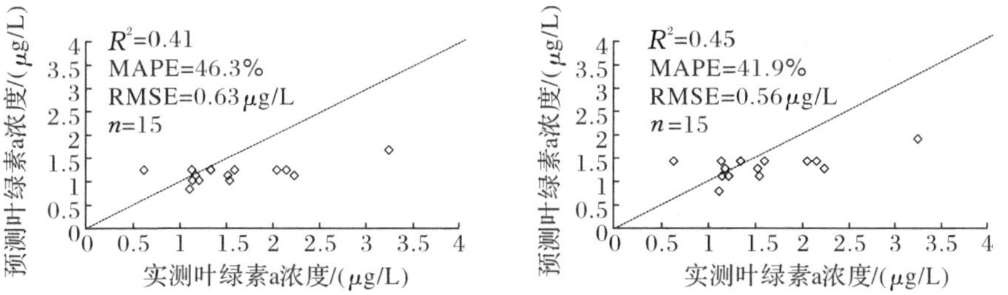

(a)简单线性方程　(b)多项式方程

图 5-13　荧光峰位置模型估算值与实测值对比

5.2.7　荧光峰高度模型

水体荧光峰高度模型原理是连接 700nm 附近荧光峰左右两侧反射谷作为基线，计算荧光峰位置反射率值与基线高度之差，即基线荧光峰高度。本研究利用研究区采样数据库，将最优波段组合特征值作为自变量，同步实测的叶绿素 a 浓度为因变量，通过回归分析后，所建立的模型见图 5-14。波段 λ_1、λ_2 和 λ_{max} 分别为 680nm、737nm 和 693nm，拟合趋势线选择了简单线性方程、多项式方程、指数方程和对数方程。其中，多项式方程 $y=135574x^2-1066.9x+3.0754$ 拟合度较好，决定系数 R^2 值达到 0.6843，优于指数方程 $y=0.3881e^{233.08x}$ 等其他模型。

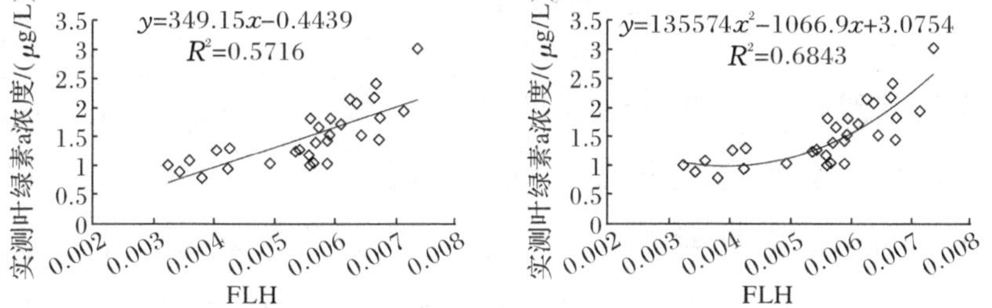

(a)简单线性方程　(b)多项式方程

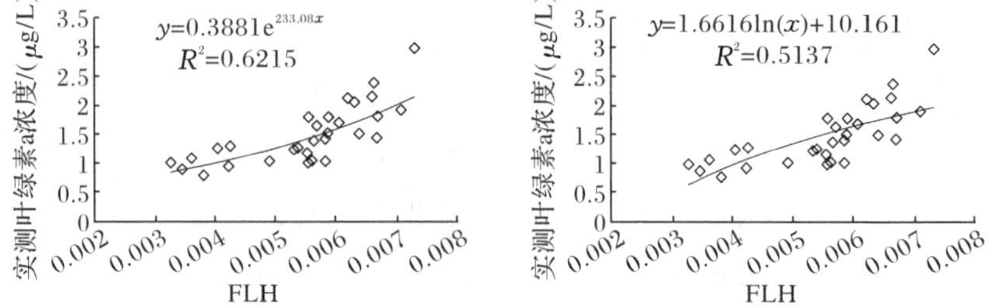

(c)指数方程　　(d)对数方程

图 5-14　基线荧光峰高度模型

利用检验数据，对 $y=0.3881e^{233.08x}$ 和 $y=135574x^2-1066.9x+3.0754$ 两种模型的反演精度进行评价，反演结果见图 5-15。其中，指数模型 $y=0.3881e^{233.08x}$ 的 RMSE 为 0.43μg/L，MAPE 达到 25.9%；多项式模型 $y=135574x^2-1066.9x+3.0754$ 的 RMSE 为 0.44μg/L，MAPE 达到 28.1%。

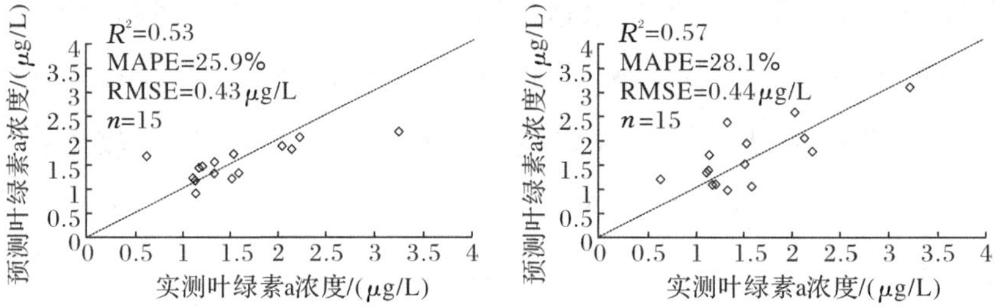

(a)指数方程　　(b)多项式方程

图 5-15　基线荧光峰高度模型估算值与实测值对比

除了基线荧光峰高度法，归一化荧光峰高度法也可用来估算水质参数浓度。其原理是将荧光峰处反射率 $R_{rs}(\lambda_{max})$ 归一化到因藻类弱吸收而引起的反射峰 $R_{rs}(560)$ 上，或因叶绿素 a 吸收引起的反射率最小值 $R_{rs}(675)$ 上。本研究利用研究区采样数据库，将最优波段组合特征值作为自变量，同步实测的叶绿素 a 浓度为因变量，所建立的模型波段 λ_{max} 为 693nm，通过回归分析后，所建立的叶绿素 a 浓度反演模型见图 5-16。本研究荧光峰位置模型拟合趋势线选择了简单线性方程、多项式方程、指数方程和对数方程。其中，利用 560nm 波段生成的归一化荧光峰高度模型中，多项式方程 $y=23.42x^2-29.61x+10.55$ 拟合度较好，决定系数 R^2 值达到 0.6233，优于简单线性方程 $y=5.1568x-2.1993$ 等其他模型；同样，利用 675nm 波段生成的归一化荧光峰高度模型中，多项式模型 $y=371.07x^2-763.43x+393.88$ 拟合度较好，决定系数 R^2 值达到 0.6952，优于简单线性方程 $y=15.887x-15.014$ 等其他模型。

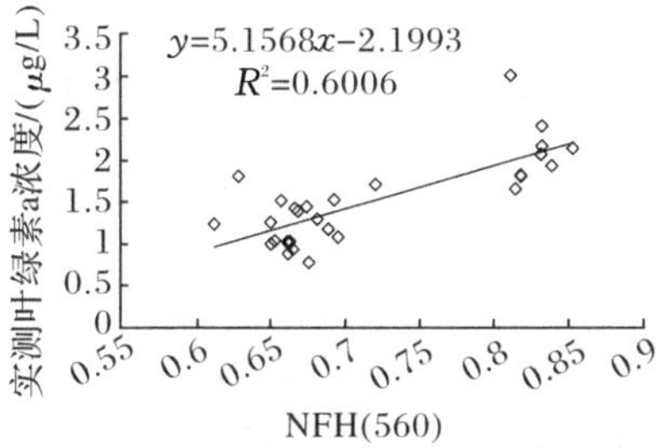

(a)简单线性方程(560nm)

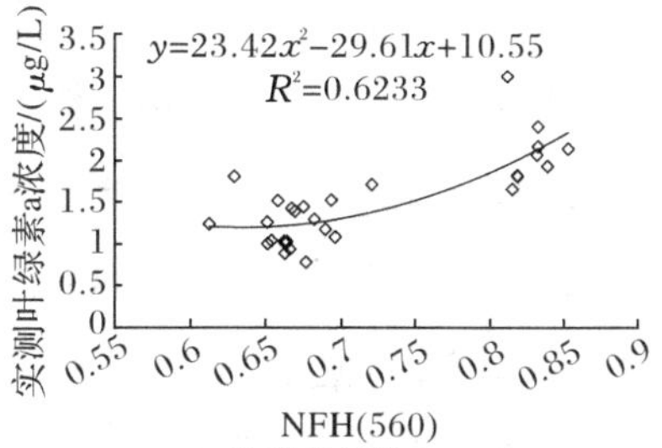

(b)多项式方程(560nm)

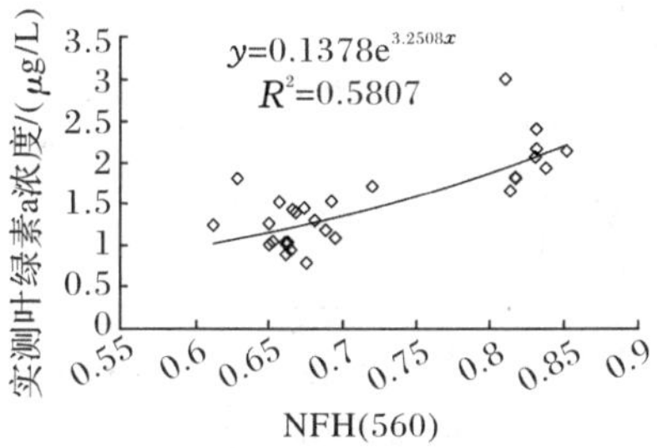

(c)指数方程(560nm)

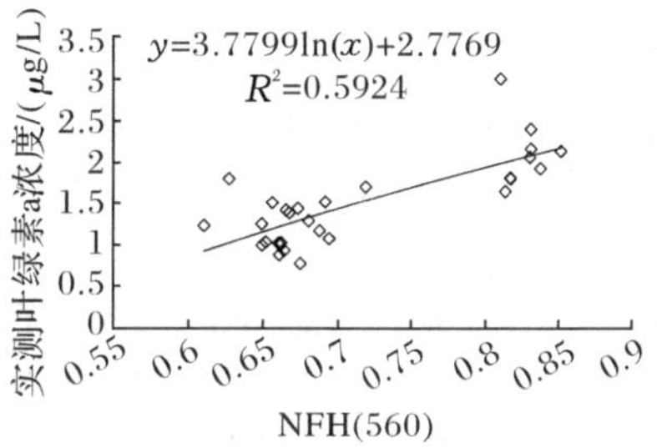

(d)对数方程(560nm)

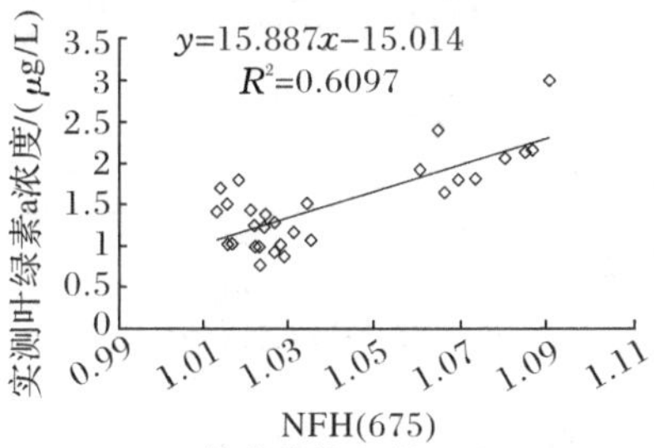

(e)简单线性方程(675nm)

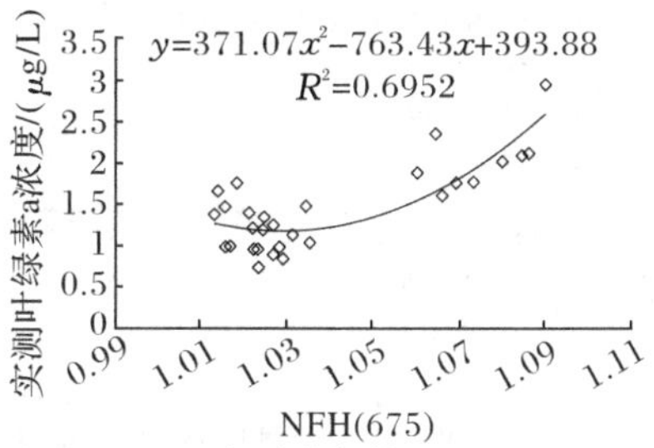

(f)多项式方程(675nm)

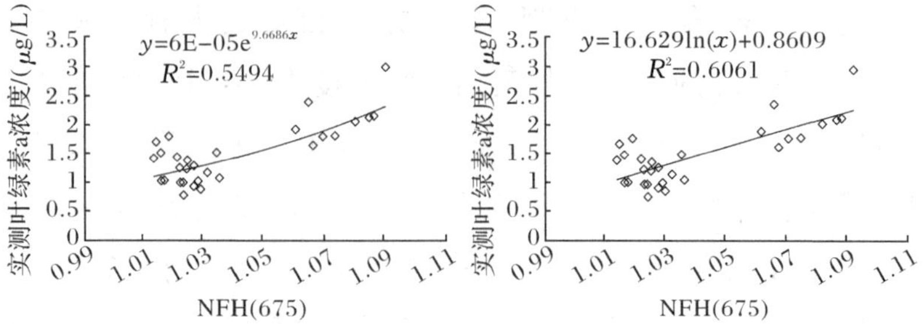

(g)指数方程(675nm)　(h)对数方程(675nm)

图 5－16　归一化荧光峰高度模型

利用检验数据，对 560nm 和 675nm 波段生成的简单线性模型和多项式模型的反演精度进行评价，反演结果见图 5－17。其中，利用 560nm 波段生成的简单线性模型 $y=5.1568x-2.1993$ 的 RMSE 为 0.46μg/L，MAPE 达到 28.6%；多项式模型 $y=23.42x^2-29.61x+10.55$ 的 RMSE 为 0.38μg/L，MAPE 达到 25.8%。

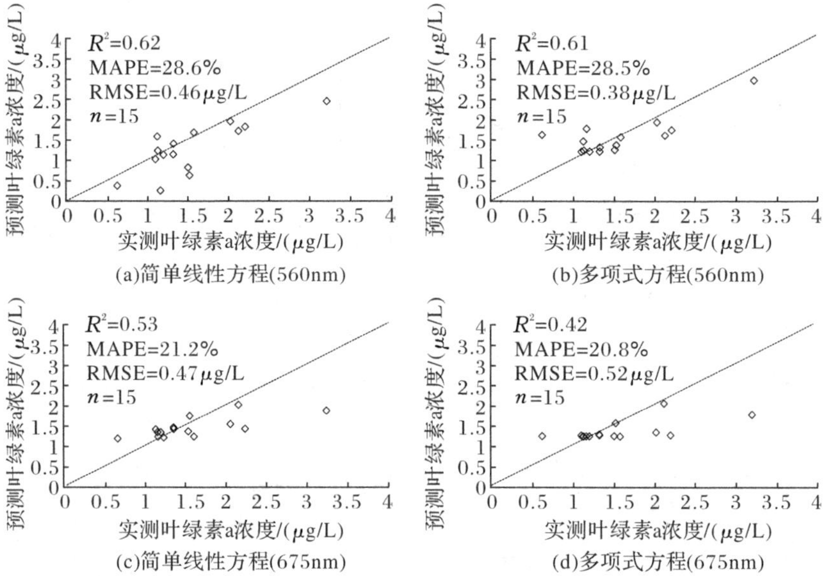

(a)简单线性方程(560nm)　(b)多项式方程(560nm)

(c)简单线性方程(675nm)　(d)多项式方程(675nm)

图 5－17　归一化荧光峰高度模型估算值与实测值对比

利用 675nm 波段生成的简单线性模型 $y=15.887x-15.014$ 的 RMSE 为 0.47μg/L，MAPE 达到 21.2%；多项式模型 $y=371.07x^2-763.43x+393.88$ 的 RMSE 为 0.52μg/L，MAPE 达到 20.8%。

5.2.8　荧光峰面积模型

荧光峰面积模型是通过选取 700nm 附近荧光峰两侧的吸收谷来计算反射峰面积。本研究利用研究区采样数据库，将最优波段组合特征值作为自变量，同步实测的叶绿素 a 浓度为因变量，所建立的模型波段 λ_1 和 λ_2 分别为 680nm 和 737nm，通过回归分析后，所建立的叶绿素 a 浓度反演模型见图 5-18。本研究荧光峰面积模型拟合趋势线选择了简单线性方程、多项式方程、指数方程和对数方程。其中，多项式方程 $y=88.732x^2-27.591x+3.0348$ 拟合度较好，决定系数 R^2 值达到 0.7694，优于指数方程 $y=0.3849e^{5.7715x}$ 等其他模型。

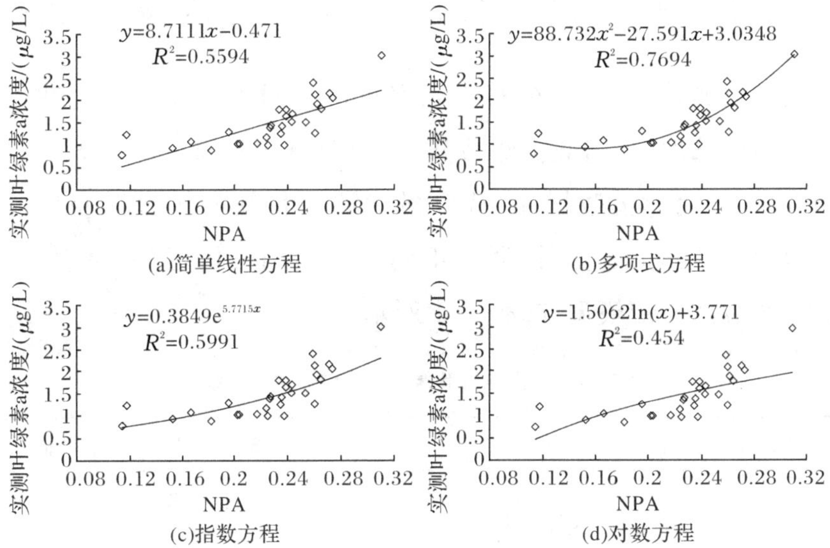

图 5-18　荧光峰面积模型

利用检验数据，对 $y=88.732x^2-27.591x+3.0348$ 和 $y=0.3849e^{5.7715x}$ 两种模型的反演精度进行评价，反演结果见图 5－19。其中，指数模型 $y=0.3849e^{5.7715x}$ 的 RMSE 为 0.47μg/L，MAPE 达到 30.4%；多项式模型 $y=88.732x^2-27.591x+3.0348$ 的 RMSE 为 0.48μg/L，MAPE 达到 32.4%。

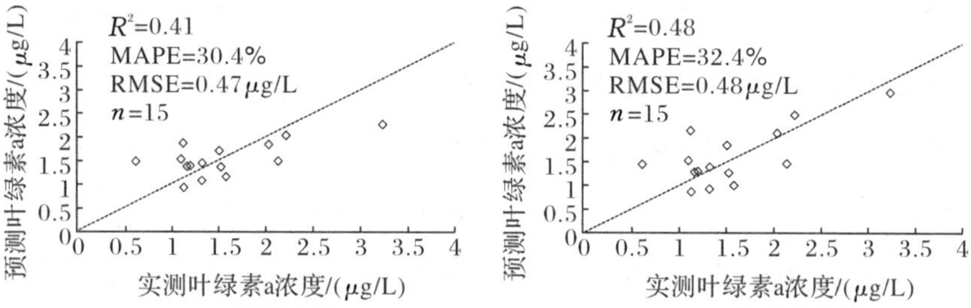

(a)指数方程　　(b)多项式方程

图 5－19　荧光峰面积模型估算值与实测值对比

5.3　不同模型估算叶绿素 a 浓度分析

在获取的镜泊湖 45 组实测光谱数据与同步叶绿素浓度数据中，本研究随机选取 30 组数据组成建模数据库(采样点分布均匀)。通过上述方法，利用建模数据库，选取最优波段特征值作为自变量，同步叶绿素 a 浓度作为因变量，通过不同算法回归分析后，所建立的叶绿素 a 浓度最优反演模型如表 5－1 所示。

表 5－1　不同方法叶绿素 a 浓度最优反演模型

反演模型	变量	模型方程	R^2值	MAPE
波段比值	$\frac{R_{rs}(693)}{R_{rs}(680)}$	$y=609.77x^2-1263.7x+655.93$	0.7407	22.5%
三波段	$\left[\frac{1}{R_{rs}(676)}-\frac{1}{R_{rs}(697)}\right]\times R_{rs}(740)$	$y=843.47x^2+8.8931x+1.1419$	0.7922	24.5%

续表

反演模型	变量	模型方程	R^2值	MAPE
四波段	$\left[\frac{1}{R_{rs}(681)}-\frac{1}{R_{rs}(693)}\right]\times\left[\frac{1}{R_{rs}(766)}-\frac{1}{R_{rs}(733)}\right]$	$y=57.027x^2-3.0242x+1.237$	0.7264	22.9%
NDCI	$\frac{R_{rs}(693)-R_{rs}(680)}{R_{rs}(693)+R_{rs}(680)}$	$y=2754.8x^2-98.116x+2.061$	0.7419	22.3%
WCI	$\frac{R_{rs}(650)-R_{rs}(688)}{R_{rs}(688)-R_{rs}(677)}$	$y=2.186e^{-0.062x}$	0.5082	19.2%
荧光峰位置	λ_{peak}	$y=0.0172x^2-23.732x+8183.9$	0.7212	41.9%
基线荧光峰高度	$R_{rs}(693)-\frac{(737-693)[R_{rs}(680)-R_{rs}(737)]}{737-680}-R_{rs}(737)$	$y=135574x^2-1066.9x+3.0754$	0.6843	28.1%
归一化荧光峰高度(560nm)	$\frac{R_{rs}(693)}{R_{rs}(560)}$	$y=23.42x^2-29.61x+10.55$	0.6233	25.8%
归一化荧光峰高度(675nm)	$\frac{R_{rs}(693)}{R_{rs}(675)}$	$y=371.07x^2-763.43x+393.88$	0.6952	20.8%
荧光峰面积	$\int_{680}^{737}R_{rs}(\lambda)d\lambda-\frac{[R_{rs}(737)+R_{rs}(680)](737-680)}{2}$	$y=88.732x^2-27.591x+3.0348$	0.7694	32.4%

可以看出，上述所建立的模型都能在一定程度上反演出镜泊湖水体的叶绿素 a 浓度状况（决定系数 R^2 值均高于 0.5，平均相对误差 MAPE 为 19.2%～41.9%）。其中，三波段模型拟合度最好，R^2 值达到 0.7922，优于波段比值模型（R^2 值为 0.7407）。与大多数学者观点一致，最优回归方程为一元二次方程，即 $y=843.47x^2+8.8931x+1.1419$。

三波段模型和四波段模型同为基于内陆水体复杂组成成分和光谱特性所构建，模型中波段选择范围位于红外与近红外波段之间，其

中 λ_1 选取在叶绿素 a 反射谷位置，λ_2 位于荧光峰波段位置。由于该波段位置的悬浮物和有色可溶性有机物的吸收系数相近，因此模型可以在一定程度上消除两种物质对水体光谱的影响。另外，λ_3 的加入也可以部分抵消水体后向散射的影响。但是，由于不同水域水体组成成分的差异，所呈现的光谱特征也往往不同，因而三波段模型的最佳波段具有一定的不固定性。在此基础之上，四波段模型通过增加第 4 个波段来进一步削弱浑浊水体中悬浮物及纯水吸收和后向散射的影响。本研究四波段模型 R^2 值为 0.7264，模型精度低于三波段模型，但模型检验效果较为接近（MAPE 为 22.9%）。其原因可能是镜泊湖水体组成成分与光学特性在时空分布上差异较大。当悬浮物在所选波段的吸收系数差异较大时，增加的第四波段也可能给模型带来一定干扰，从而无法达到改善模型的效果（宋挺 等，2017）。另外，在近红外区域，三波段模型是通过假设悬浮物颗粒远小于纯水吸收系数为前提，而在高浑浊水域，悬浮物在近红外波段的吸收和散射并不能被忽略，四波段模型也正是基于该特征改进模型的精度。相对而言，镜泊湖并非高浑浊水体，加入的第四波段也可能对模型产生一定的干扰。

NDCI 最优模型同样为一元二次方程（$y=2754.8x^2-98.116x+2.061$），$R^2$ 值达到了 0.7419。在模型验证中，平均相对误差 MAPE 为 22.3%。由于 NDCI 模型的波段选择与波段比值模型一致（700nm 左右反射峰与它左侧叶绿素的吸收峰），因此其反演效果也比较接近三波段模型，并没有优于三波段模型。这与一些学者研究得出的结论较为一致，即 NDCI 法更适用于叶绿素浓度较高的湖泊水质监测，对于中营养/贫营养状况的镜泊湖反演效果并没有较大的提升。

WCI 模型是本次研究所选模型中决定系数最低的模型，R^2 值仅为 0.5082，但它也可以明显地表现出叶绿素 a 浓度与光谱值之间的相关性。WCI 模型虽然在建模过程中拟合效果不好，但在模型验证中，其平均相对误差 MAPE 却达到了 19.2%。其原因一方面可能是本研究采样次数与采样样本数量较少，建模数据的选取会影响模型拟合效果与验证精度；另一方面 WCI 模型是建立在陆地植被叶绿素 a 监测模型 MTCI 基础上，通过波段差值的比值来增强叶绿素 a 吸收和反射的差异。如果研究区具有较高叶绿素 a 浓度，通过该模型的波段的处理，水体叶绿素 a 特征会更加明显（王金梁 等，2014）。相比较而言，镜泊湖属于中营养/贫营养水域，叶绿素 a 浓度相对较低，通过 WCI 模型的波段换算并没有明显改善叶绿素 a 浓度的反演精度。这也体现了在不同类型水体中，模型通用性不确定的特点。

荧光峰位置模型、荧光峰高度模型和荧光峰面积模型已经被很多学者证明过可以作为反演叶绿素 a 浓度的传统经验模型。3 种模型拟合度 R^2 值也达到了 0.6 以上，最优回归方程均为一元二次方程。对比上述 3 种反演模型的检验效果，荧光峰高度模型与荧光峰面积模型比较稳定，反演精度差别不大，平均相对误差 MAPE 位于 20.8% 与 32.4% 之间。而荧光峰位置模型，虽然模型拟合度 R^2 值达到了 0.7 以上，但模型的验证精度则相对较低，平均相对误差 MAPE 达到 41.9%。其主要原因可能与此次采样水体叶绿素浓度普遍较低有关。水体叶绿素 a 浓度跨度小，建模数据中荧光峰位置会比较接近，甚至相同。因此，模型建模的采样点选择会导致模型拟合度与模型验证精度相差较大。

第 6 章

多光谱数据分析与反演

6.1 镜泊湖水体反射率光谱特征

与其他地物一样，表层水体也具有独有的光谱特性。在辐射过程中，水体对电磁波不仅具有吸收、反射和散射作用，而且具有强烈的透射作用(张红 等，2009)。在可见光波段，纯净水体在600nm波段前主要表现为大量的透射作用，在这个波段范围，水体的反射和吸收作用较少。水体的强反射区域范围主要分布在蓝绿光波段，而在近红外与中红外波段则出现强吸收。随着水体物质组成的变化，水体光谱曲线也会出现相应变化。当水体中叶绿素a浓度较高时，由于叶绿素和胡萝卜素的弱吸收和细胞散射作用，在550～570nm波段范围会出现反射峰。在700nm附近，是水体光谱曲线的另外一个反射峰区域，也被称为荧光峰，这是由于植物色素的荧光效应所引起的，并且随着水体叶绿素a浓度的增加，反射峰位置会不断向高波段方向移动。因此，该反射峰的位置和数值通常被用来估算叶绿素a浓度值。

对Landsat 8 OLI影像而言，内陆水体反射峰的位置主要位于3～5波段范围内。考虑到前1～2波段对悬浮物和黄色物质含量低的水域具有较好的效果，故6～7波段经常用于波段组合算法(刘振宇 等，2017；阿如娜 等，2018；吴欢欢 等，2021)。因此，在Landsat 8 OLI数据11个波段中，本研究选取了1～7波段来反演镜泊湖水体叶绿素a浓度。通过初步分析发现，单个波段所建立的叶绿素a模型并不能很好地反映波段光谱特征与水体叶绿素a浓度之间的关系。经过多次测试显示，多波段组合模型与单波段模型相比，在精度上具有明显的提升。这也与大部分学者的观点一致，即波段组合模型可以在一定程度上减小部分污染物的影响(封红娥 等，2019；项雅波 等，2022)。另外，由于水体光谱特征与其他地物光谱特征相比，光谱差异较弱，因而，为了增强水体的表现特征，削弱植被、裸土等其他地物的表现特征，近些年人们提出了水体指数方法。水体指数方法应用到水环境遥感中可以有效地避免波段组合带来的随机性，进而有利于通用反演模型的研究与发展(任岩 等，2016；王小平 等，2017)。本研究选取了几种典型的水体指数，具体如表 6-1 所示。

表 6-1　典型水体指数模型

水体指数	公式
归一化水体指数(NDWI)	$NDWI=\frac{A_3-A_5}{A_3+A_5}$
改进归一化水体指数(MNDWI)	$MNDWI=\frac{A_3-A_6}{A_3+A_6}$
新型水体指数(NWI)	$NWI=\frac{A_1-(A_5+A_6+A_7)}{A_1+A_5+A_6+A_7}$
NEW 型水体指数	$NEW=\frac{A_1-A_7}{A_1+A_7}$
增强型水体指数(EWI)	$EWI=\frac{A_3-A_5-A_6}{A_3+A_5+A_6}$
修订归一化水体指数(RNDWI)	$RNDWI=\frac{A_6-A_4}{A_6+A_4}$
$AWEI_{nsh}$	$AWEI_{nsh}=4(A_3-A_6)-(0.25A_5+2.75A_7)$
$AWEI_{sh}$	$AWEI_{sh}=A_2+2.5A_3-1.5(A_5+A_6)-0.25A_7$

6.2　镜泊湖叶绿素 a 浓度反演模型

本研究选用的叶绿素 a 遥感监测模型为传统的经验模型，即创建 Landsat 8 OLI 影像不同的波段组合特征值与叶绿素 a 浓度之间的统计关系。常用的统计模型包括线性模型、多项式模型、指数模型和对数模型。统计模型的波段选取是在分析镜泊湖水体光谱曲线的基础上，去除精度较低模型，最终确定了 16 组模型，包含了波段组合模型和水体指数模型。建立模型的采样点按照平均分布原理，选取 22 个，剩余 8 个采样点用作模型精度检验。

6.2.1　波段组合模型

1. $(B_4+B_5)/B_3$

利用此次采样数据的2/3建立研究区建模数据库，将波段组合特征值$\left(\dfrac{B_4+B_5}{B_3}\right)$作为自变量，同步实测的叶绿素a浓度为因变量，通过回归分析后，所建立的叶绿素a浓度反演模型见图6-1。波段分别选择B_3、B_4和B_5，拟合趋势线选择了简单线性方程、多项式方程、指数方程和对数方程。其中，多项式方程$y=100.15x^2-210.81x+111.8$拟合度较好，决定系数$R^2$值达到0.7694，优于简单线性方程$y=15.248x-15.652$等其他模型。

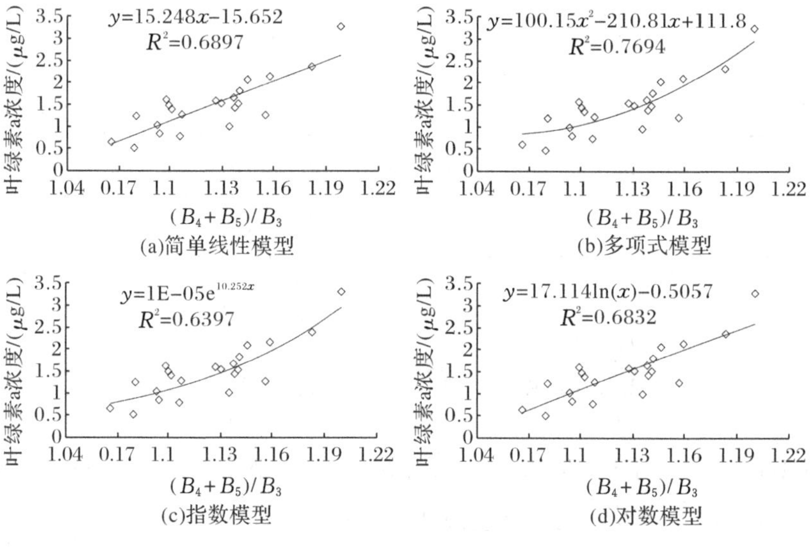

图6-1　$(B_4+B_5)/B_3$模型

将剩余的1/3采样数据作为模型的检验数据，对简单线性和多项式两种模型的反演精度进行评价，评价结果见图6-2。其中，简单线性模型$y=15.248x-15.652$的RMSE为0.29μg/L，MAPE达到

17.4%；多项式模型 $y=100.15x^2-210.81x+111.8$ 的 RMSE 为 0.28μg/L，MAPE 达到 13.8%。

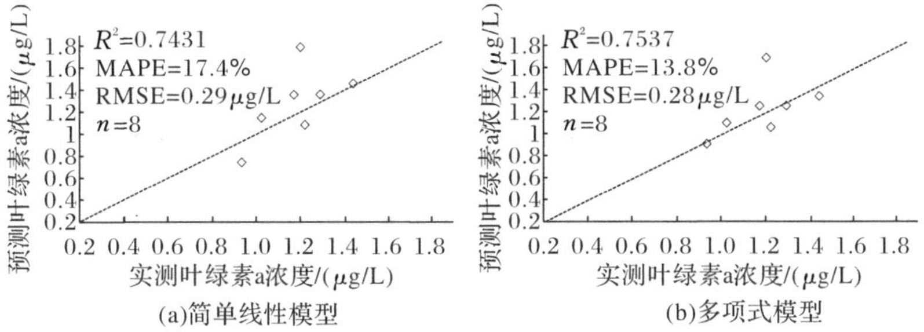

图 6-2　$(B_4+B_5)/B_3$ 模型估算值与实测值对比

2. B_1+B_3

利用此次采样数据的 2/3 建立研究区建模数据库，将波段组合特征值(B_1+B_3)作为自变量，同步实测的叶绿素 a 浓度为因变量，通过回归分析后，所建立的叶绿素 a 浓度反演模型见图 6-3。其中，只有多项式方程 $y=15797x^2-4362x+302.26$ 拟合度较好，决定系数 R^2 值达到 0.3737，优于简单线性方程 $y=29.071x-2.5342$ 等其他模型。

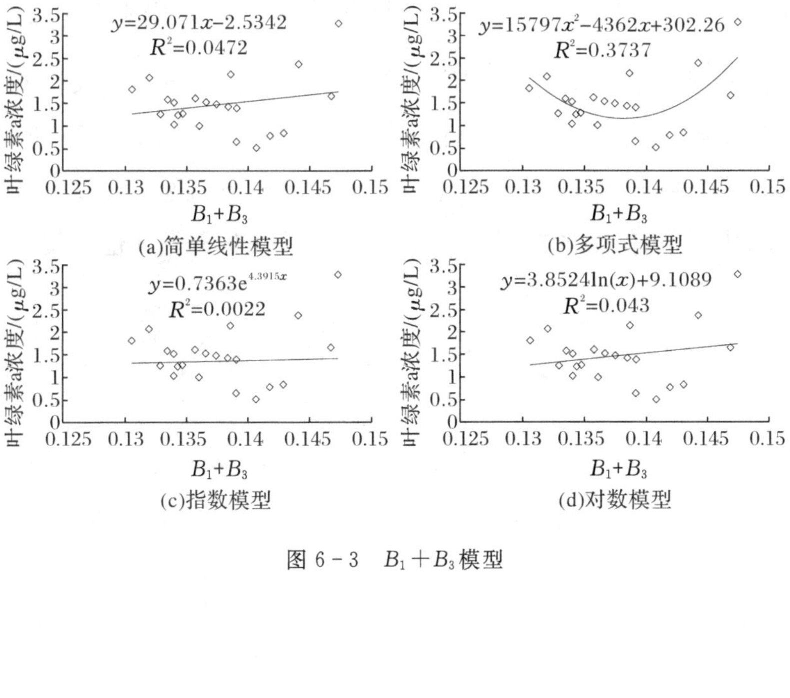

图 6-3　B_1+B_3 模型

将剩余的1/3采样数据作为模型的检验数据，对简单线性和多项式两种模型的反演精度进行评价，反演结果见图6-4。其中，简单线性模型 $y=29.071x-2.5342$ 的RMSE为0.26μg/L，MAPE达到17.9%；多项式模型 $y=15797x^2-4362x+302.26$ 的RMSE为0.97μg/L，MAPE达到63.9%。

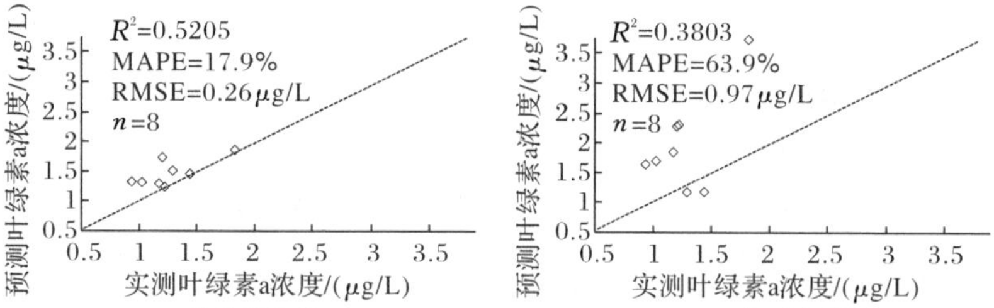

(a)简单线性模型　　(b)多项式模型

图6-4　B_1+B_3 模型估算值与实测值对比

3. B_5/B_3

利用此次采样数据的2/3建立研究区建模数据库，将波段组合特征值（$\frac{B_5}{B_3}$）作为自变量，同步实测的叶绿素a浓度为因变量，通过回归分析后，所建立的叶绿素a浓度反演模型见图6-5。波段选择 B_3 和 B_5，拟合趋势线选择了简单线性方程、多项式方程、指数方程和对数方程。其中，指数方程 $y=0.0317e^{11.083x}$ 拟合度较好，决定系数 R^2 值达到0.6969，优于简单线性方程 $y=15.111x-3.6428$ 等其他模型。

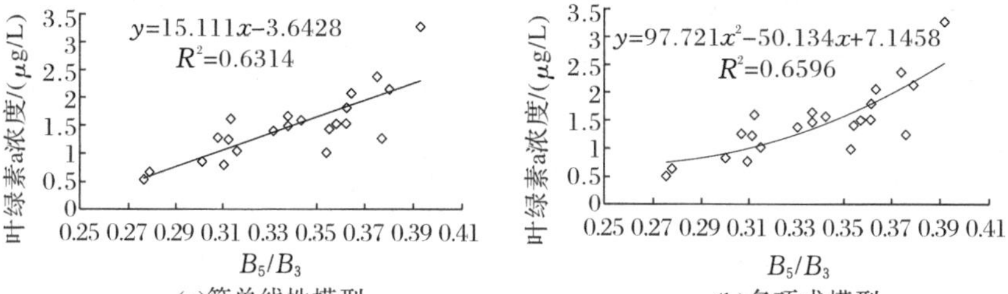

(a)简单线性模型　　(b)多项式模型

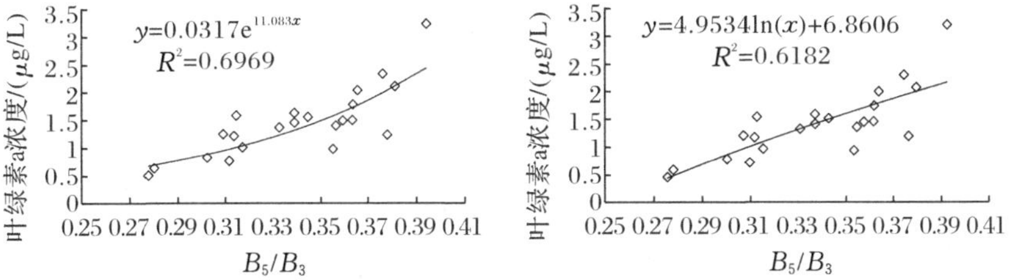

(c)指数模型　(d)对数模型

图 6-5　B_5/B_3 模型

将剩余的 1/3 采样数据作为模型的检验数据，对简单线性和指数两种模型的反演精度进行评价，反演结果见图 6-6。其中，简单线性模型 $y=15.111x-3.6428$ 的 RMSE 为 0.20μg/L，MAPE 达到 14.4%；指数方程 $y=0.0317e^{11.083x}$ 的 RMSE 为 0.15μg/L，MAPE 达 10.0%。

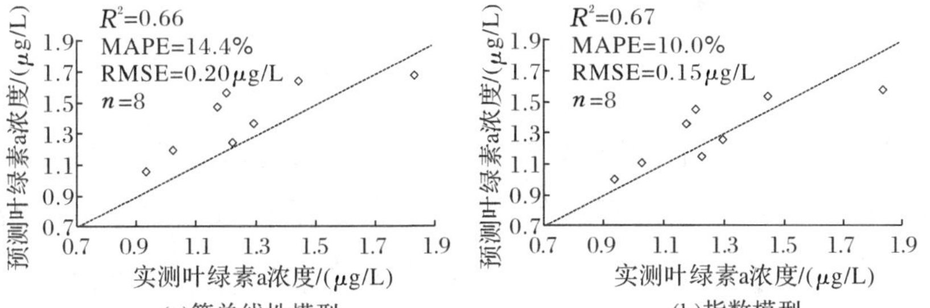

(a)简单线性模型　(b)指数模型

图 6-6　B_5/B_3 模型估算值与实测值对比

4. B_1/B_5

利用此次采样数据的 2/3 建立研究区建模数据库，将波段组合特征值($\frac{B_1}{B_5}$)作为自变量，同步实测的叶绿素 a 浓度作为因变量，通过回归分析后，所建立的叶绿素 a 浓度反演模型见图 6-7。波段选择 B_1 和 B_5，拟合趋势线选择了简单线性方程、多项式方程、指数方程和对数方程。其中，指数方程 $y=39.838e^{-2.253x}$ 拟合度较好，决定系数

R^2值达到 0.6299，优于简单线性方程 $y=-2.9968x+5.9737$ 等其他模型。

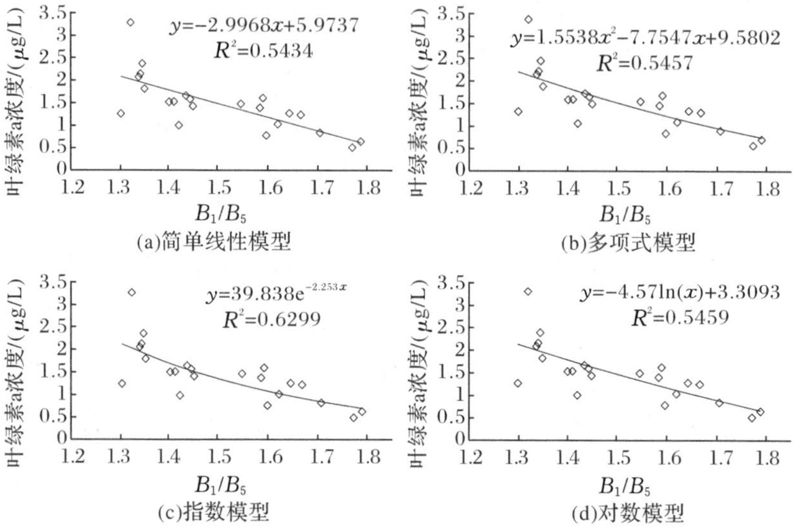

图 6-7　B_1/B_5 模型

将剩余的 1/3 采样数据作为模型的检验数据，对简单线性和指数两种模型的反演精度进行评价，反演结果见图 6-8。其中，简单线性模型 $y=-2.9968x+5.9737$ 的 RMSE 为 0.23μg/L，MAPE 达到 16.4%；指数模型 $y=39.838e^{-2.253x}$ 的 RMSE 为 0.15μg/L，MAPE 达到 9.0%。

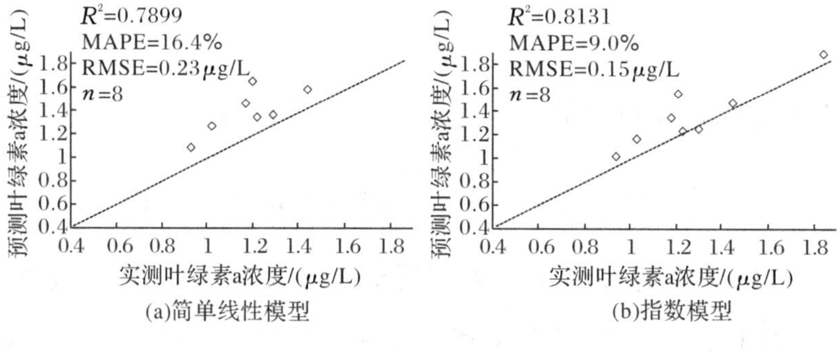

图 6-8　B_1/B_5 模型估算值与实测值对比

5. B_2-B_6

利用此次采样数据的 2/3 建立研究区建模数据库，将波段组合特征值（B_2-B_6）作为自变量，同步实测的叶绿素 a 浓度为因变量，通过回归分析后，所建立的叶绿素 a 浓度反演模型见图 6-9。波段选择 B_2 和 B_6，拟合趋势线选择了简单线性方程、多项式方程、指数方程和对数方程。其中，多项式方程 $y=-40622x^2+6383.6x-248.96$ 拟合度较好，决定系数 R^2 值达到 0.448，优于简单线性方程 $y=-161.74x+14.524$ 等其他模型。

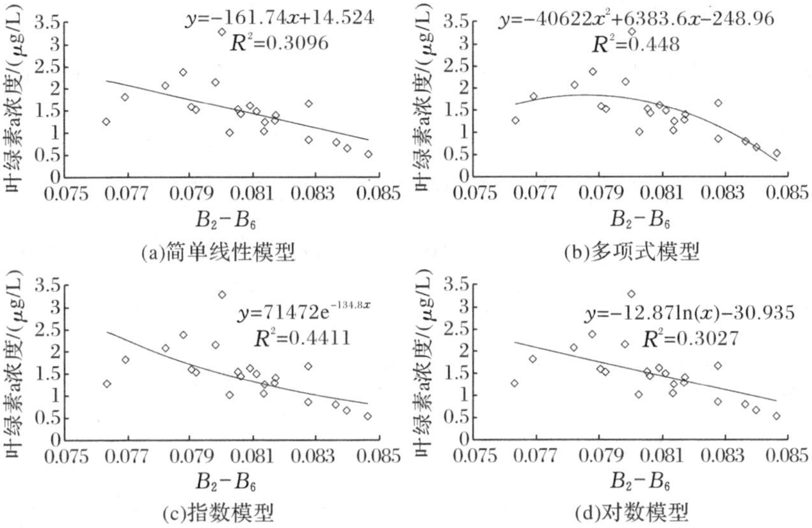

图 6-9　B_2-B_6 模型

将剩余的 1/3 采样数据作为模型的检验数据，对多项式和简单线性两种模型的反演精度进行评价，反演结果见图 6-10。其中，简单线性模型 $y=-161.74x+14.524$ 的 RMSE 为 0.52μg/L，MAPE 达到 34.3%；多项式模型 $y=-40622x^2+6383.6x-248.96$ 的 RMSE 为 0.74μg/L，MAPE 达到 46.6%。

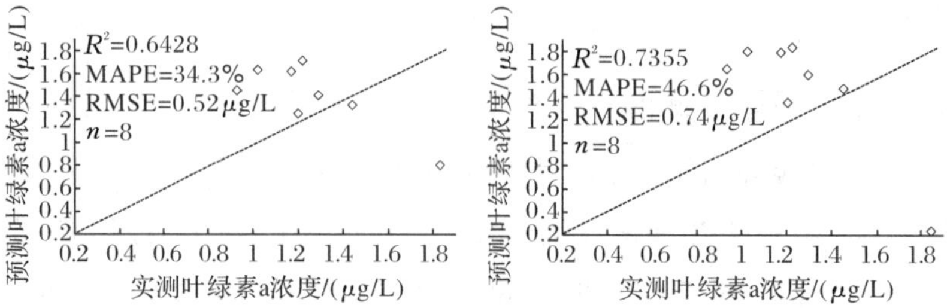

(a)简单线性模型　　(b)多项式模型

图 6-10　B_2-B_6模型估算值与实测值对比

6. B_5/B_4

利用此次采样数据的 2/3 建立研究区建模数据库，将波段组合特征值($\frac{B_5}{B_4}$)作为自变量，同步实测的叶绿素 a 浓度为因变量，通过回归分析后，所建立的叶绿素 a 浓度反演模型见图 6-11。波段分别选择 B_4 和 B_5，拟合趋势线选择了简单线性方程、多项式方程、指数方程和对数方程。其中，指数方程 $y=0.0388e^{8.2276x}$ 拟合度较好，决定系数 R^2 值达到 0.6534，优于简单线性方程 $y=10.766x-3.1753$ 等其他模型。

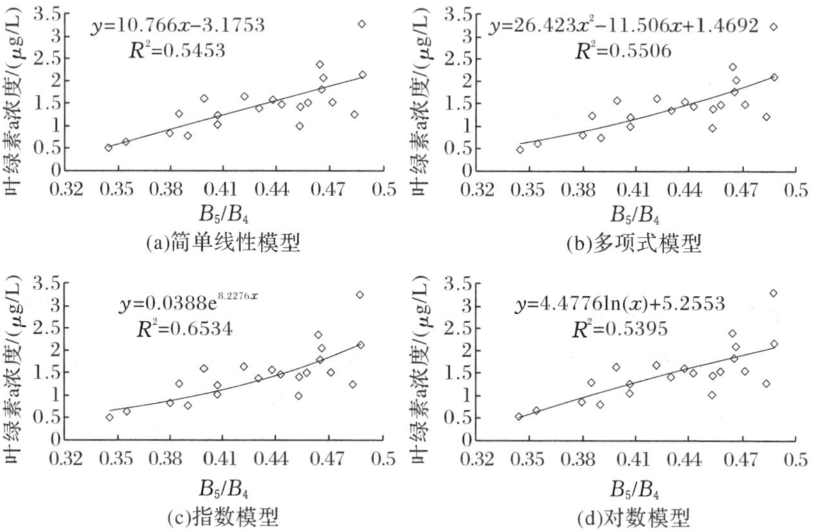

(a)简单线性模型　　(b)多项式模型

(c)指数模型　　(d)对数模型

图 6-11　B_5/B_4模型

将剩余的 1/3 采样数据作为模型的检验数据，对简单线性和指数两种模型的反演精度进行评价，反演结果见图 6－12。其中，简单线性模型 $y=10.766x-3.1753$ 的 RMSE 为 0.26μg/L，MAPE 达到 19.3％；指数模型 $y=0.0388e^{8.2276x}$ 的 RMSE 为 0.23μg/L，MAPE 达到 13.0％。

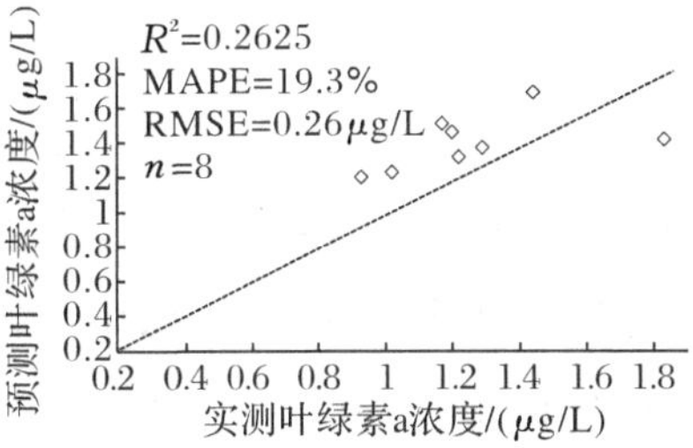

(a)简单线性模型

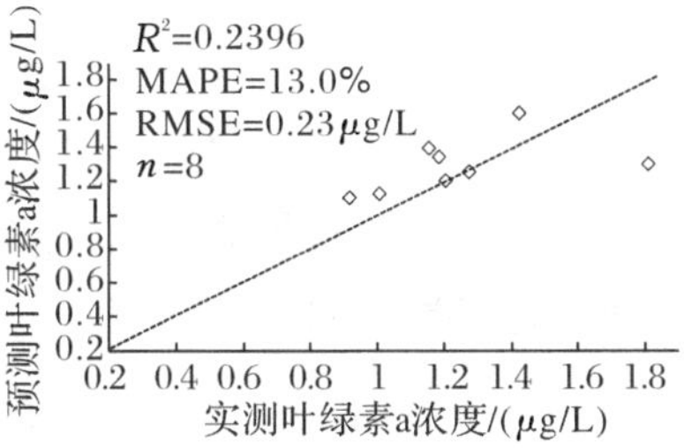

(b)指数模型

图 6－12 B_5/B_4 模型估算值与实测值对比

7. $B_3/(B_1+B_5)$

利用此次采样数据的 2/3 建立研究区建模数据库，将波段组合特征值($\frac{B_3}{B_1+B_5}$)作为自变量，同步实测的叶绿素 a 浓度为因变量，通过回归分析后，所建立的叶绿素 a 浓度反演模型见图 6－13。波段分别选择 B_1、B_3 和 B_5，拟合趋势线选择了简单线性方程、多项式方程、指数方程和对数方程。其中，指数方程 $y=5964.2e^{-7.058x}$ 拟合度较好，决定系数 R^2 值达到 0.6832，优于简单线性方程 $y=-9.4218x+12.676$ 等其他模型。

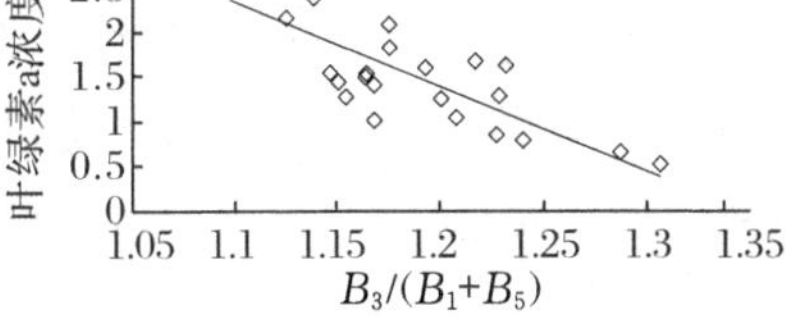

(a)简单线性模型

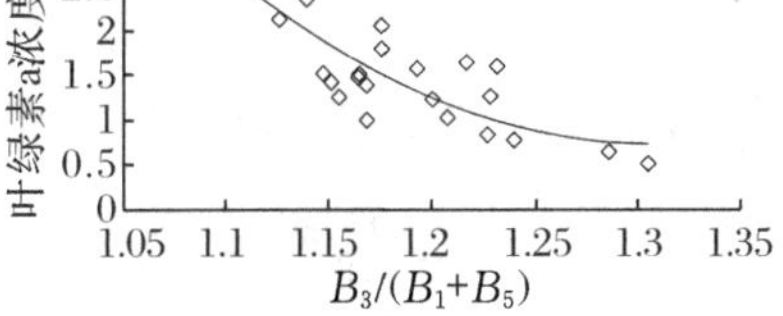

(b)多项式模型

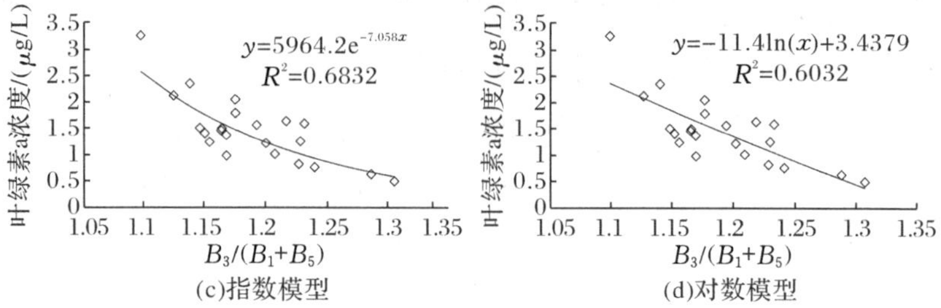

图 6-13　$B_3/(B_1+B_5)$模型

将剩余的1/3采样数据作为模型的检验数据，对简单线性和指数两种模型的反演精度进行评价，反演结果见图 6-14。其中，简单线性模型 $y=-9.4218x+12.676$ 的 RMSE 为 0.30μg/L，MAPE 达到 20.7%；指数模型 $y=5964.2e^{-7.058x}$ 的 RMSE 为 0.27μg/L，MAPE 达到 15.5%。

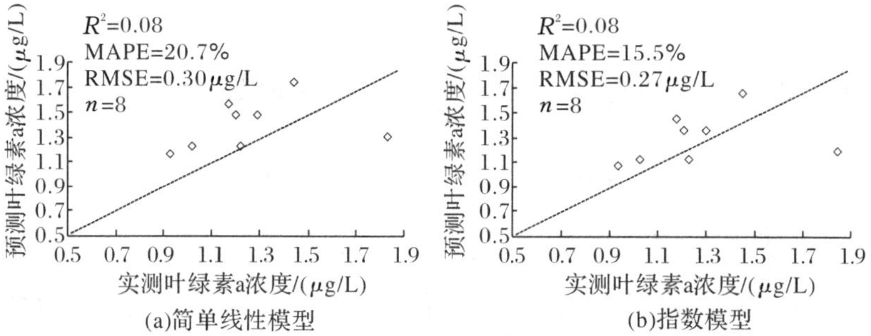

图 6-14　$B_3/(B_1+B_5)$模型估算值与实测值对比

8. B_2-B_7

利用此次采样数据的2/3建立研究区建模数据库，将波段组合特征值(B_2-B_7)作为自变量，同步实测的叶绿素a浓度为因变量，通过回归分析后，所建立的叶绿素a浓度反演模型见图 6-15。波段分别选择 B_2 和 B_7，拟合趋势线选择了简单线性方程、多项式方程、指数方程和对数方程。其中，指数方程 $y=23548e^{-130.1x}$ 拟合度较好，决定系

数 R^2 值达到 0.2566，优于简单线性方程 $y=-139.12x+11.915$ 等其他模型。

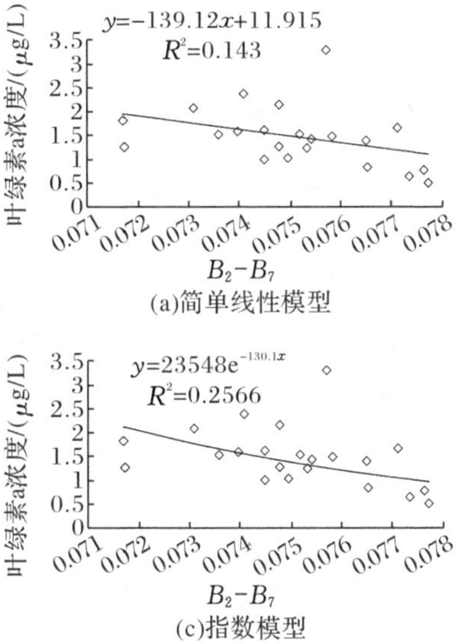

图 6-15　B_2-B_7 模型

将剩余的 1/3 采样数据作为模型的检验数据，对简单线性和指数两种模型的反演精度进行评价，反演结果见图 6-16。其中，简单线性模型 $y=-139.12x+11.915$ 的 RMSE 为 0.44μg/L，MAPE 达到 35.2%；指数模型 $y=23548e^{-130.1x}$ 的 RMSE 为 0.54μg/L，MAPE 达到 44.5%。

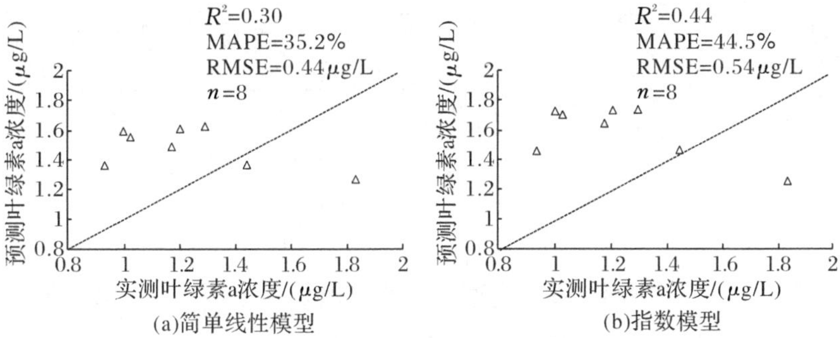

图 6-16　B_2-B_7 模型估算值与实测值对比

6.2.2 水体指数模型

1. 归一化水体指数(NDWI)

利用此次采样数据的 2/3 建立研究区建模数据库，将波段组合特征值($\frac{B_3-B_5}{B_3+B_5}=\text{NDWI}$)作为自变量，同步实测的叶绿素 a 浓度为因变量，通过回归分析后，所建立的叶绿素 a 浓度反演模型见图 6－17。波段分别选择 B_3 和 B_5，拟合趋势线选择了简单线性方程、多项式方程、指数方程和对数方程。其中，指数方程 $y=178.93e^{-9.869x}$ 拟合度较好，决定系数 R^2 值达到 0.7004，优于简单线性方程 $y=-13.351x+8.0819$ 等其他模型。

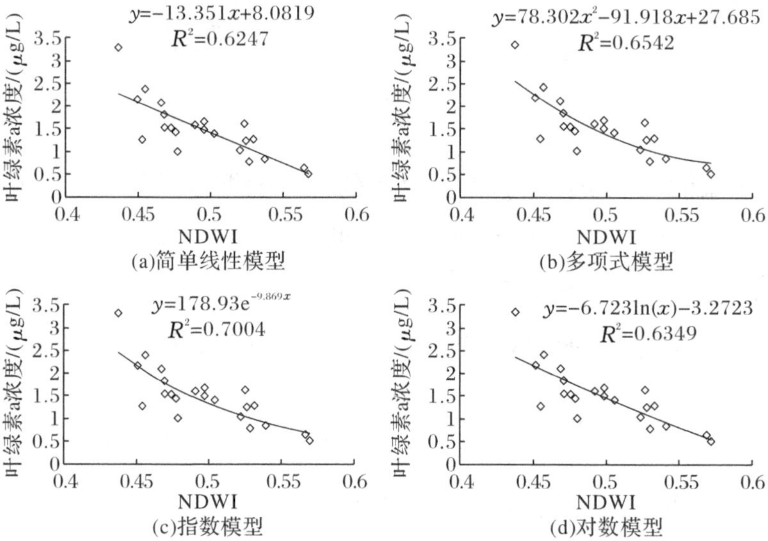

图 6－17　NDWI 模型

将剩余的 1/3 采样数据作为模型的检验数据，对简单线性和指数两种模型的反演精度进行评价，反演结果见图 6－18。其中，简单线性模型 $y=-13.351x+8.0819$ 的 RMSE 为 0.21μg/L，MAPE 达到

15.1%；指数模型 $y=178.93e^{-9.869x}$ 的 RMSE 为 0.15μg/L，MAPE 达到 10.2%。

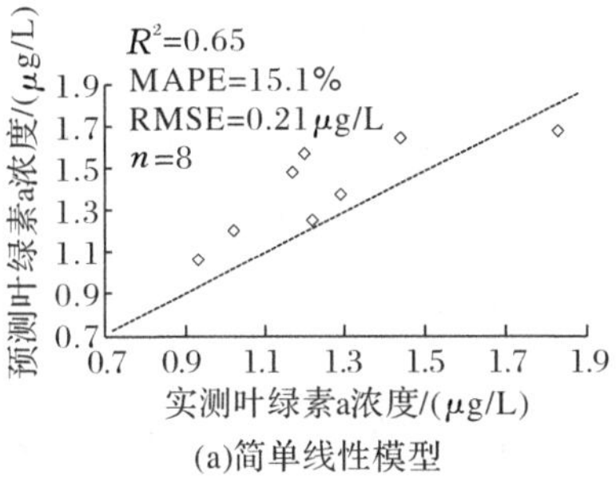

图 6-18　NDWI 模型估算值与实测值对比

2. 改进归一化水体指数(MNDWI)

利用此次采样数据的 2/3 建立研究区建模数据库，将波段组合特征值($\frac{B_3-B_6}{B_3+B_6}$=MNDWI)作为自变量，同步实测的叶绿素 a 浓度为因变量，通过回归分析后，所建立的叶绿素 a 浓度反演模型见图 6-19。波段分别选择 B_3 和 B_6，拟合趋势线选择了简单线性方程、多项式方程、指数方程和对数方程。其中，多项式方程 $y=29.732x^2-62.056x+31.996$ 拟合度较好，决定系数 R^2 值达到 0.6721，优于简单线性方程 $y=-15.232x+13.594$等其他模型。

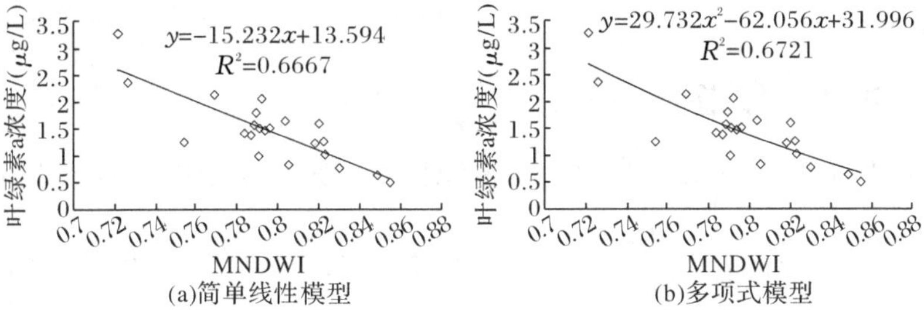

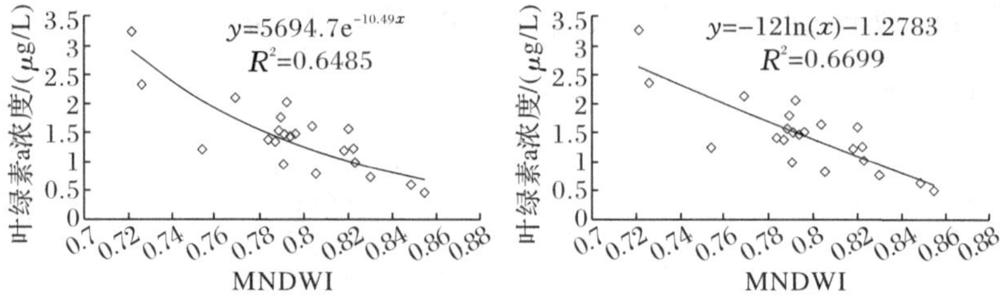

(c)指数模型　(d)对数模型

图 6－19　MNDWI 模型

将剩余的 1/3 采样数据作为模型的检验数据，对简单线性和指数两种模型的反演精度进行评价，反演结果见图 6－20。其中，简单线性模型 $y=-15.232x+13.594$ 的 RMSE 为 0.29μg/L，MAPE 达到 16.2%；多项式模型 $y=29.732x^2-62.056x+31.996$ 的 RMSE 为 0.29μg/L，MAPE 达到 15.9%。

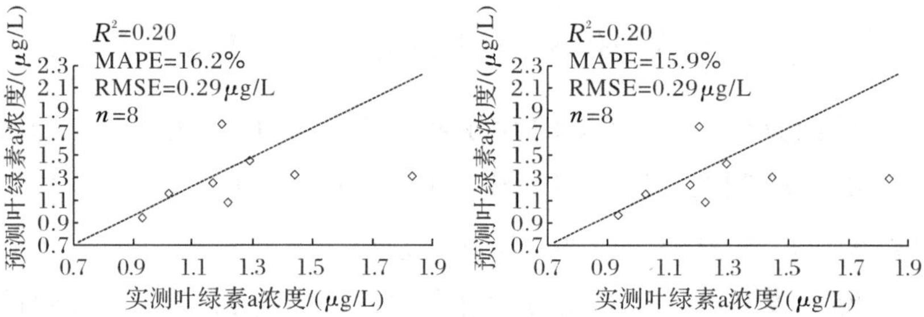

(a)简单线性模型　(b)多项式模型

图 6－20　MNDWI 模型估算值与实测值对比

3. 新型水体指数(NWI)

利用此次采样数据的 2/3 建立研究区建模数据库，将波段组合特征值($\frac{B_1-(B_5+B_6+B_7)}{B_1+B_5+B_6+B_7}=\text{NWI}$)作为自变量，同步实测的叶绿素 a 浓度为因变量，通过回归分析后，所建立的叶绿素 a 浓度反演模型见图 6－21。波段分别选择 B_1、B_5、B_6 和 B_7，拟合趋势线选择了简单线性方程、多项式方程、指数方程和对数方程。其中，指数方程

$y=0.6508e^{6.0993x}$ 拟合度较好，决定系数 R^2 值达到 0.6724，优于简单线性方程 $y=8.4592x+0.4547$ 等其他模型。

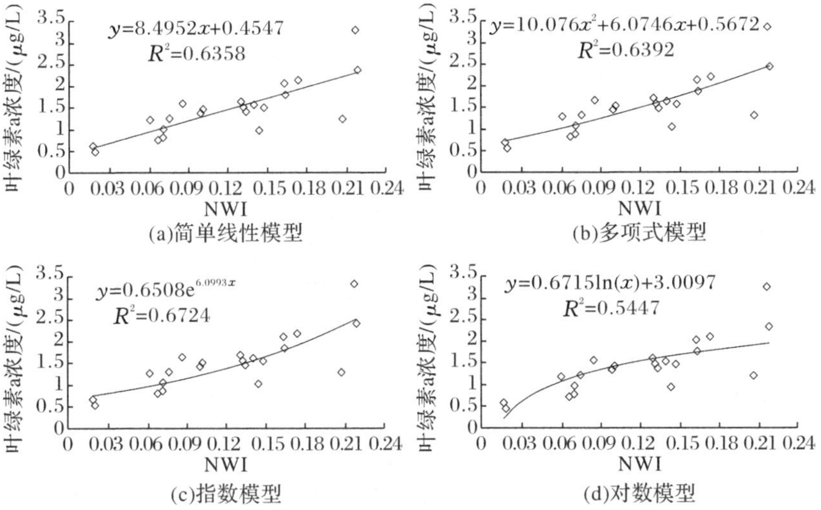

图 6-21　NWI 模型

将剩余的 1/3 采样数据作为模型的检验数据，对简单线性和指数两种模型的反演精度进行评价，反演结果见图 6-22。其中，简单线性模型 $y=8.4592x+0.4547$ 的 RMSE 为 0.20μg/L，MAPE 达到 11.5%；指数模型 $y=0.6508e^{6.0993x}$ 的 RMSE 为 0.18μg/L，MAPE 达到 10.8%。

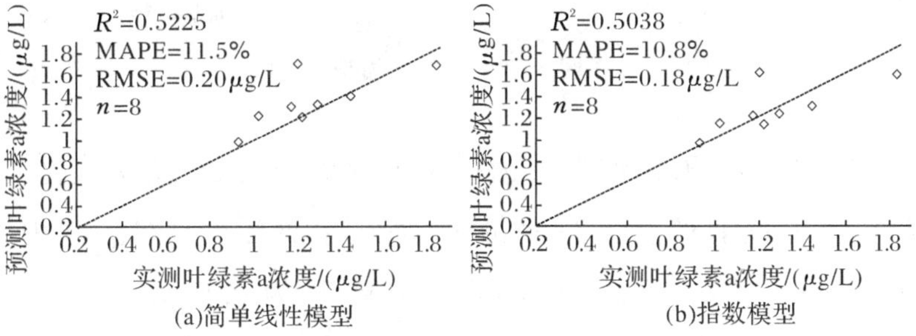

图 6-22　NWI 模型估算值与实测值对比

4. NEW 型水体指数

利用此次采样数据的 2/3 建立研究区建模数据库，将波段组合特征值($\frac{B_1-B_7}{B_1+B_7}$=NEW)作为自变量，同步实测的叶绿素 a 浓度为因变量，通过回归分析后，所建立的叶绿素 a 浓度反演模型见图 6-23。波段分别选择 B_1 和 B_7，拟合趋势线选择了简单线性方程、多项式方程、指数方程和对数方程。其中，多项式方程 $y=-41.874x^2+23.482x-0.0568$ 拟合度较好，决定系数 R^2 值达到 0.5852，优于简单线性方程 $y=-16.266x+9.3385$ 等其他模型。

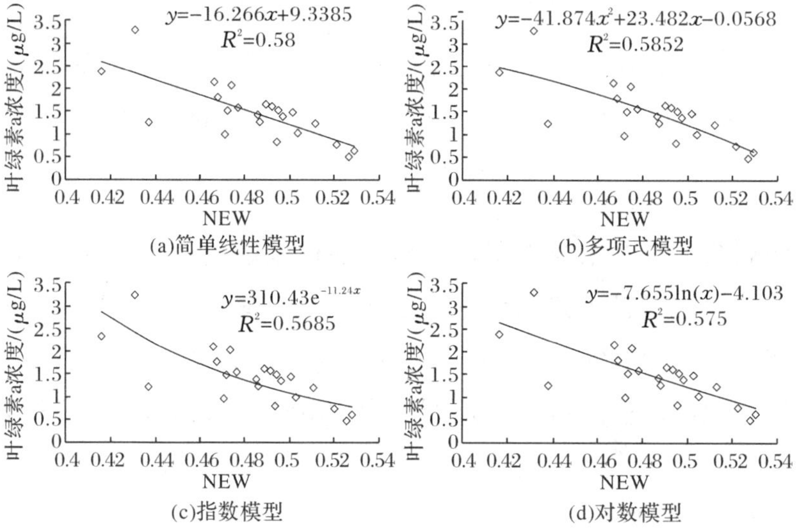

图 6-23　NEW 模型

将剩余的 1/3 采样数据作为模型的检验数据，对简单线性和多项式两种模型的反演精度进行评价，反演结果见图 6-24。其中，简单线性模型 $y=-16.266x+9.3385$ 的 RMSE 为 0.60μg/L，MAPE 达到 37.1%；多项式模型 $y=-41.874x^2+23.482x-0.0568$ 的 RMSE 为 0.57μg/L，MAPE 达到 36.7%。

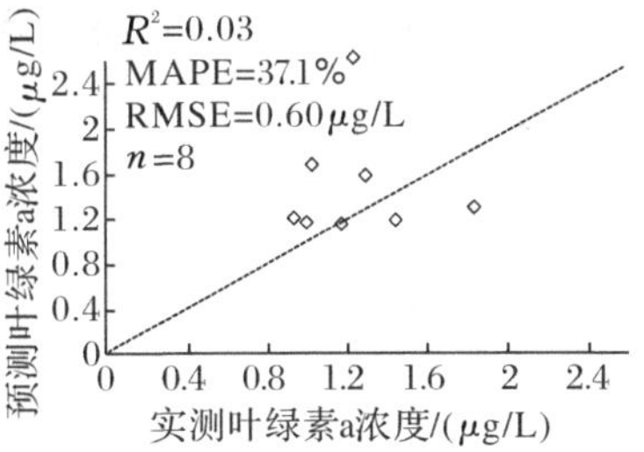

(a)简单线性模型　(b)多项式模型

图 6-24　NEW 模型估算值与实测值对比

5. 增强型水体指数(EWI)

利用此次采样数据的 2/3 建立研究区建模数据库，将波段组合特征值($\frac{B_3-B_5-B_6}{B_3+B_5+B_6}$=EWI)作为自变量，同步实测的叶绿素 a 浓度为因变量，通过回归分析后，所建立的叶绿素 a 浓度反演模型见图 6-25。波段分别选择 B_3、B_5 和 B_6，拟合趋势线选择了简单线性方程、多项式方程、指数方程和对数方程。其中，指数方程 $y=22.265e^{-7.401x}$ 拟合度较好，决定系数 R^2 值达到 0.7184，优于简单线性方程 $y=-10.234x+5.3464$等其他模型。

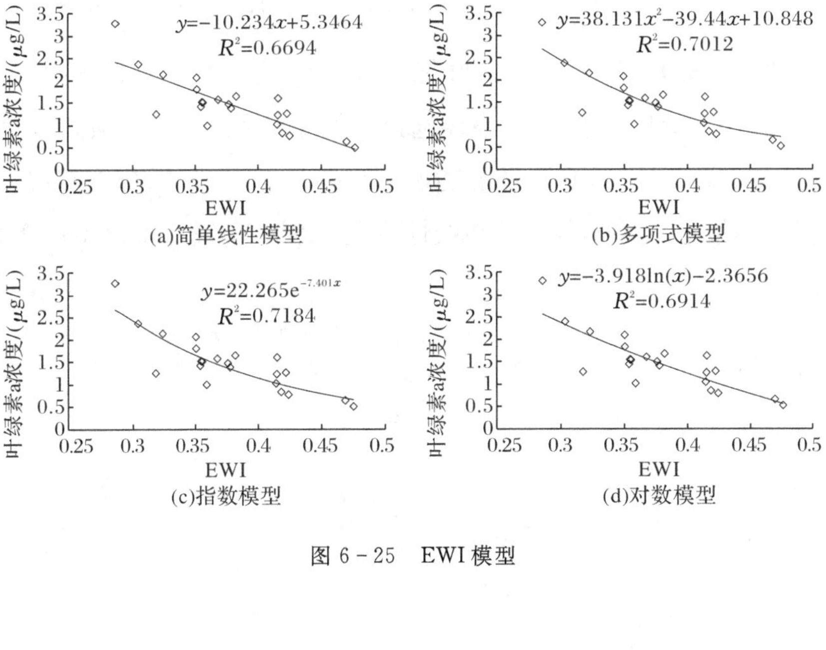

(a)简单线性模型　(b)多项式模型

(c)指数模型　(d)对数模型

图 6-25　EWI 模型

将剩余的1/3采样数据作为模型的检验数据，对简单线性和指数两种模型的反演精度进行评价，反演结果见图6-26。其中，简单线性模型 $y=-10.234x+5.3464$ 的RMSE为0.22μg/L，MAPE达到14.2%；指数模型 $y=22.265e^{-7.401x}$ 的RMSE为0.20μg/L，MAPE达到10.3%。

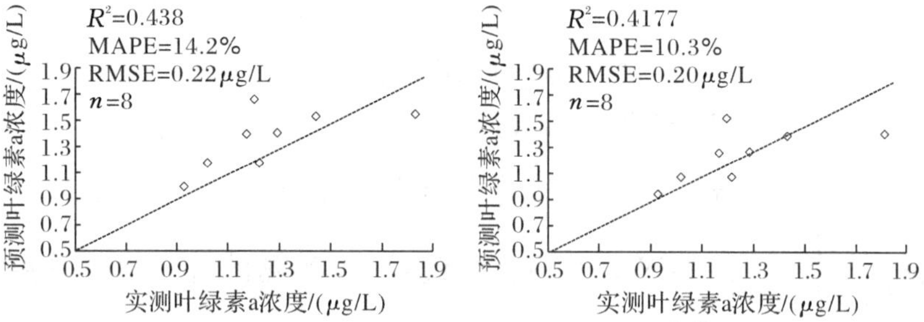

(a)简单线性模型　　(b)指数模型

图6-26　EWI模型估算值与实测值对比

6. 修订归一化水体指数(RNDWI)

利用此次采样数据的2/3建立研究区建模数据库，将波段组合特征值($\frac{B_6-B_4}{B_6+B_4}$=RNDWI)作为自变量，同步实测的叶绿素a浓度为因变量，通过回归分析后，所建立的叶绿素a浓度反演模型见图6-27。波段分别选择 B_4 和 B_6，拟合趋势线选择了简单线性方程、多项式方程、指数方程和对数方程。其中，指数方程 $y=6550.7e^{-25.93x}$ 拟合度较好，决定系数 R^2 值达到0.4493，优于简单线性方程 $y=-30.321x+11.397$ 等其他模型。

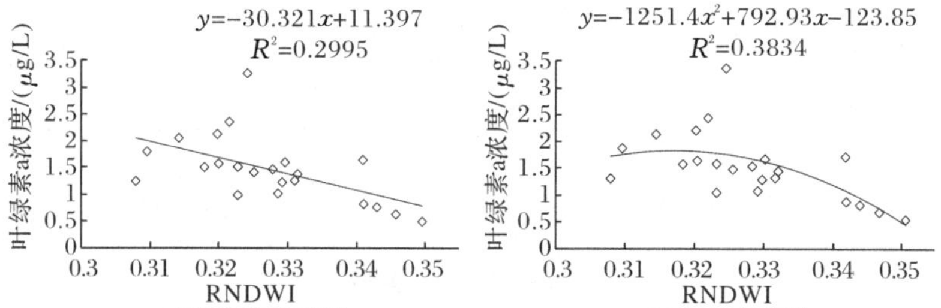

(a)简单线性模型　　(b)多项式模型

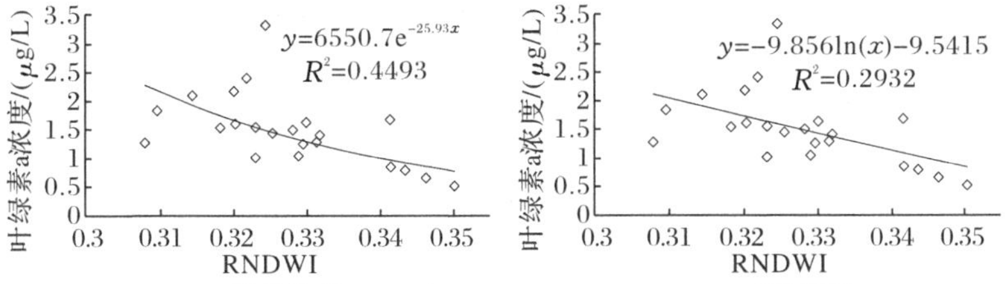

(c)指数模型　(d)对数模型

图 6-27　RNDWI 模型

将剩余的 1/3 采样数据作为模型的检验数据，对简单线性和指数两种模型的反演精度进行评价，反演结果见图 6-28。其中，简单线性模型 $y=-30.321x+11.397$ 的 RMSE 为 0.52μg/L，MAPE 达到 33.8%；指数模型 $y=6550.7e^{-25.93x}$ 的 RMSE 为 0.50μg/L，MAPE 达到 31.5%。

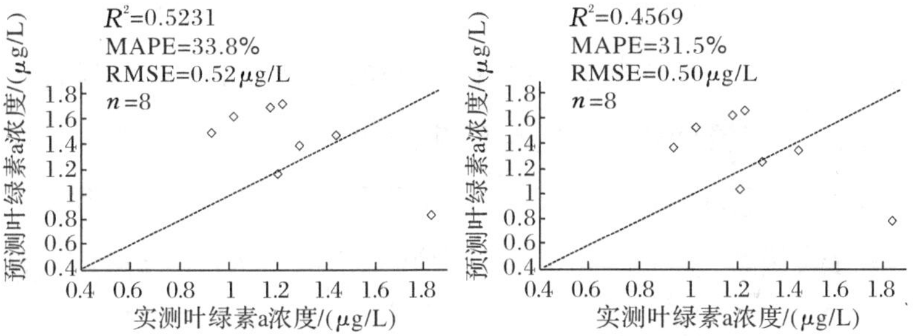

(a)简单线性模型　(b)指数模型

图 6-28　RNDWI 模型估算值与实测值对比

7. $AWEI_{nsh}$

利用此次采样数据的 2/3 建立研究区建模数据库，将波段组合特征值[$4(B_3-B_6)-(0.25B_5+2.75B_7)=AWEI_{nsh}$]作为自变量，同步实测的叶绿素 a 浓度为因变量，通过回归分析后，所建立的叶绿素 a 浓度反演模型见图 6-29。波段分别选择 B_3、B_5、B_6 和 B_7，拟合趋势线选择了简单线性方程、多项式方程、指数方程和对数方程。其中，指数方程 $y=437.55e^{-21.22x}$ 拟合度较好，决定系数 R^2 值达到0.4748，

优于简单线性方程 $y=-26.033x+8.564$ 等其他模型。

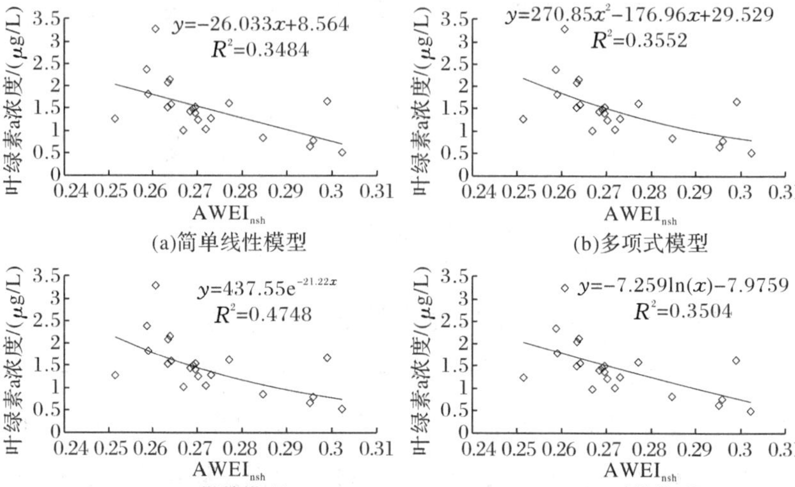

(a)简单线性模型　(b)多项式模型　(c)指数模型　(d)对数模型

图 6-29　$AWEI_{nsh}$ 模型

将剩余的 1/3 采样数据作为模型的检验数据，对简单线性和指数两种模型的反演精度进行评价，反演结果见图 6-30。其中，简单线性模型 $y=-26.033x+8.564$ 的 RMSE 为 0.61μg/L，MAPE 达到 35.8%；指数模型 $y=437.55e^{-21.22x}$ 的 RMSE 为 0.53μg/L，MAPE 达到 31.7%。

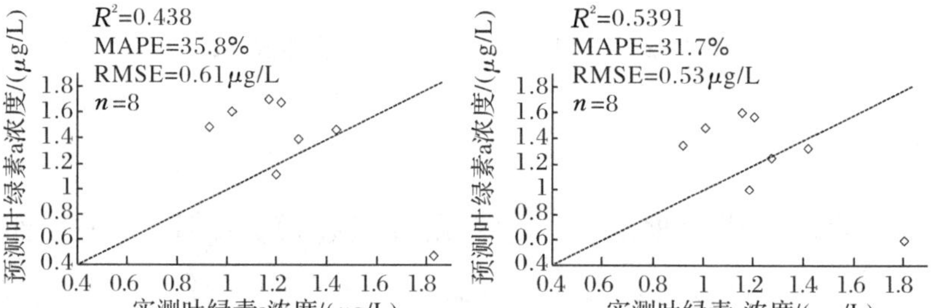

(a)简单线性模型　(b)指数模型

图 6-30　$AWEI_{nsh}$ 模型估算值与实测值对比

8. $AWEI_{sh}$

利用此次采样数据的2/3建立研究区建模数据库，将波段组合特征值[$B_2+2.5B_3-1.5(B_5+B_6)-0.25B_7=AWEI_{sh}$]作为自变量，同步实测的叶绿素a浓度为因变量，通过回归分析后，所建立的叶绿素a浓度反演模型见图6-31。波段分别选择B_2、B_3、B_5、B_6和B_7，拟合趋势线选择了简单线性方程、多项式方程、指数方程和对数方程。其中，指数方程$y=437.55e^{-21.22x}$拟合度较好，决定系数R^2值达到0.4748，优于简单线性方程$y=-26.033x+8.564$等其他模型。

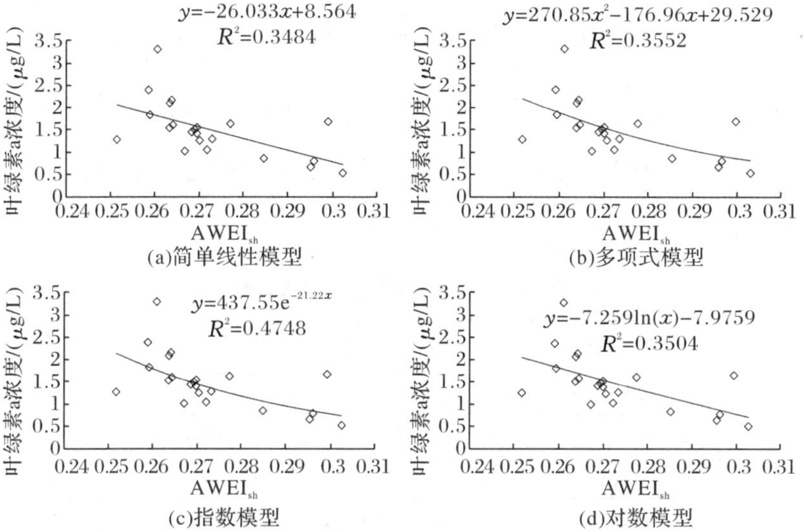

图6-31　$AWEI_{sh}$模型

将剩余的1/3采样数据作为模型的检验数据，对简单线性和指数两种模型的反演精度进行评价，反演结果见图6-32。其中，简单线性模型$y=-26.033x+8.564$的RMSE为0.61μg/L，MAPE达到35.8%；指数模型$y=437.55e^{-21.22x}$的RMSE为0.53μg/L，MAPE达到31.6%。

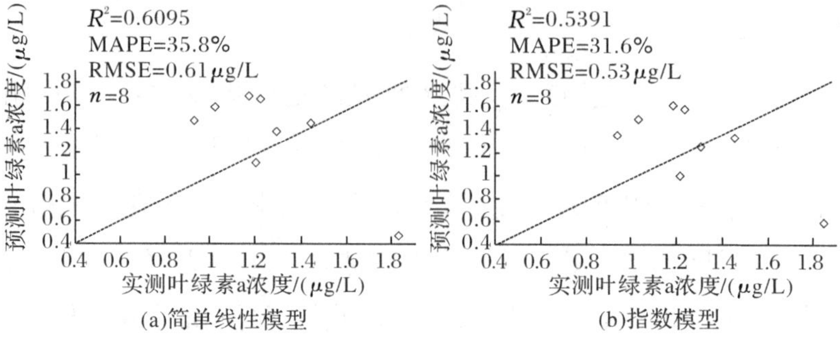

图 6－32　$AWEI_{sh}$模型估算值与实测值对比

6.3　不同模型估算叶绿素 a 浓度分析

利用建模数据库，选取最优波段特征值作为自变量，同步实测叶绿素 a 浓度作为因变量，通过不同算法回归分析后，所建立的叶绿素 a 浓度最优反演模型如表 6－2 和表 6－3 所示。

表 6－2　波段组合模型拟合方程

自变量	模型类型	拟合方程	R^2
$(B_4+B_5)/B_3$	线性	$y=15.248x-15.652$	0.6897
	多项式	$y=100.15x^2-210.81x+111.8$	0.7694
	指数	$y=1E-05e^{10.252x}$	0.6397
	对数	$y=17.114\ln(x)-0.5057$	0.6832
B_1+B_3	线性	$y=29.071x-2.5342$	0.0472
	多项式	$y=15797x^2-4362x+302.26$	0.3737
	指数	$y=0.7363e^{4.3915x}$	0.0022
	对数	$y=3.8524\ln(x)+9.1089$	0.043
B_5/B_3	线性	$y=15.111x-3.6428$	0.6314
	多项式	$y=97.721x^2-50.134x+7.1458$	0.6596
	指数	$y=0.0317e^{11.083x}$	0.6969
	对数	$y=4.9534\ln(x)+6.8606$	0.6182

续表

自变量	模型类型	拟合方程	R^2
B_1/B_5	线性	$y=-2.9968x+5.9737$	0.5434
	多项式	$y=1.5538x^2-7.7547x+9.5802$	0.5457
	指数	$y=39.838e^{-2.253x}$	0.6299
	对数	$y=-4.57\ln(x)+3.3093$	0.5459
B_2-B_6	线性	$y=-161.74x+14.524$	0.3096
	多项式	$y=-40622x^2+6383.6x-248.96$	0.448
	指数	$y=71472e^{-134.8x}$	0.4411
	对数	$y=-12.87\ln(x)-30.935$	0.3027
B_5/B_4	线性	$y=10.766x-3.1753$	0.5453
	多项式	$y=26.423x^2-11.506x+1.4692$	0.5506
	指数	$y=0.0388e^{8.2276x}$	0.6534
	对数	$y=4.4776\ln(x)+5.2553$	0.5395
$B_3/(B_1+B_5)$	线性	$y=-9.4218x+12.676$	0.5934
	多项式	$y=44.594x^2-116.7x+77.077$	0.6487
	指数	$y=5964.2e^{-7.058x}$	0.6832
	对数	$y=-11.4\ln(x)+3.4379$	0.6032
B_2-B_7	线性	$y=-139.12x+11.915$	0.143
	多项式	$y=-60131x^2+8860.2x-324.63$	0.2528
	指数	$y=23548e^{-130.1x}$	0.2566
	对数	$y=-10.28\ln(x)-25.151$	0.1396

6.3.1　波段组合模型

在波段组合模型中，R^2范围为 0.0022～0.7694，其中模型精度较好的有$(B_4+B_5)/B_3$、B_5/B_3、B_5/B_4和 $B_3/(B_1+B_5)$模型，其 R^2最优分别为0.7694、0.6969、0.6534 和 0.6832，都达 0.65 以上。可以看出，这些模型主要是由 B_1、B_3、B_4和 B_5波段经数学变换组合而成。其中，B_3波段位于 525～600nm，由于叶绿素、胡萝卜素弱吸收和无机悬浮物、浮游植物细胞壁的散射作用，水体出现反射峰。B_4波段位于 630～680nm，由于叶绿素在红波段的强烈吸收，细胞壁散射均衡，对藻类密度和叶绿素浓度反射的敏感度降低，出现另外一个反射谷。B_5 波段位于 845～885nm，处于另外一个反射谷位置。另外，B_1 波段位于 433～453nm，由于叶绿素、类胡萝卜素以及溶解性有机物质的吸收作用，水体反射率较低，总体上呈上升趋势。这些波段组合符合叶绿素 a 的光学吸收和散射特性，也与多数内陆水体叶绿素 a 反演模型相符。而其他所选择的波段组合则相关性相对较低，R^2 大多不超过 0.6。

6.3.2 水体指数模型

在水体指数模型中，R^2 为 0.2932～0.7184，其中模型精度较好的有 NDWI、MNDWI、NWI 和 EWI 模型，其 R^2 最优分别为 0.7004、0.6721、0.6724 和 0.7184，都达 0.65 以上。从表 6-3 中可以看出，归一化水体指数 NDWI 由 B_3 和 B_5 波段组成；改进归一化水体指数 MNDWI 由 B_3 和 B_6 波段组成；新型水体指数 NWI 由 B_1、B_5、B_6 和 B_7 波段组成；增强型水体指数 EWI 则由 B_3、B_5 和 B_6 波段组成。B_1、B_3 和 B_5 波段对叶绿素反演的敏感性上文已经表述，而且也被很多学者证实（岳程鹏 等，2020；牛婷 等，2021）。B_6 和 B_7 波段位于 1560～2300nm 近红外波段，实际上，其与水质色度的关系也被很多学者提出（岳昂 等，2019；孙喆 等，2020）。

表 6-3 水体指数模型拟合方程

名称	自变量	模型类型	拟合方程	R^2
NDWI	$\frac{B_3-B_5}{B_3+B_5}$	线性	$y=-13.351x+8.0819$	0.6247
		多项式	$y=78.302x^2-91.918x+27.685$	0.6542
		指数	$y=178.93e^{-9.869x}$	0.7004
		对数	$y=-6.723\ln(x)-3.2723$	0.6349

续表

名称	自变量	模型类型	拟合方程	R^2
MNDWI	$\frac{B_3-B_6}{B_3+B_6}$	线性	$y=-15.232x+13.594$	0.6667
		多项式	$y=29.732x^2-62.056x+31.996$	0.6721
		指数	$y=5694.7e^{-10.49x}$	0.6485
		对数	$y=-12\ln(x)-1.2783$	0.6699
NWI	$\frac{B_1-(B_5+B_6+B_7)}{B_1+B_5+B_6+B_7}$	线性	$y=8.4952x+0.4547$	0.6358
		多项式	$y=10.076x^2+6.0746x+0.5672$	0.6392
		指数	$y=0.6508e^{6.0993x}$	0.6724
		对数	$y=0.6715\ln(x)+3.0097$	0.5447
NEW	$\frac{B_1-B_7}{B_1+B_7}$	线性	$y=-16.266x+9.3385$	0.58
		多项式	$y=-41.874x^2+23.482x-0.0568$	0.5852
		指数	$y=310.43e^{-11.24x}$	0.5685
		对数	$y=-7.655\ln(x)-4.103$	0.575
EWI	$\frac{B_3-B_5-B_6}{B_3+B_5+B_6}$	线性	$y=-10.234x+5.3464$	0.6694
		多项式	$y=38.131x^2-39.44x+10.848$	0.7012
		指数	$y=22.265e^{-7.401x}$	0.7184
		对数	$y=-3.918\ln(x)-2.3656$	0.6914
RNDWI	$\frac{B_6-B_4}{B_6+B_4}$	线性	$y=-30.321x+11.397$	0.2995
		多项式	$y=-1251.4x^2+792.93x-123.85$	0.3834
		指数	$y=6550.7e^{-25.93x}$	0.4493
		对数	$y=-9.856\ln(x)-9.5415$	0.2932
$AWEI_{nsh}$	$4(B_3-B_6)-(0.25B_5+2.75B_7)$	线性	$y=-26.033x+8.564$	0.3484
		多项式	$y=270.85x^2-176.96x+29.529$	0.3552
		指数	$y=437.55e^{-21.22x}$	0.4748
		对数	$y=-7.259\ln(x)-7.9759$	0.3504
$AWEI_{sh}$	$B_2+2.5B_3-1.5(B_5+B_6)-0.25B_7$	线性	$y=-26.033x+8.564$	0.3484
		多项式	$y=270.85x^2-176.96x+29.529$	0.3552
		指数	$y=437.55e^{-21.22x}$	0.4748
		对数	$y=-7.259\ln(x)-7.9759$	0.3504

6.3.3 模型精度验证与分析

选择上述 8 组决定系数 R^2 值较高的模型(波段组合模型 4 组，水体指数模型 4 组)，见表 6-4。由表 6-4 可以看出，这些模型都可以在一定程度上反演出镜泊湖水体的叶绿素 a 浓度状况(决定系数 R^2 值均高于 0.65，平均相对误差 MAPE 为 10.0%～15.9%)。

在波段组合模型中，$(B_4+B_5)/B_3$ 模型 R^2 值达到 0.7694，优于其他波段组合模型。但在模型的验证中，其平均相对误差 MAPE 相对较高，达到 13.8%，明显高于 B_5/B_3 模型的 10.0% 和 B_5/B_4 模型 13.0%。另外，$B_3/(B_1+B_5)$ 模型的 MAPE 达到 15.5%，在所选波段组合模型中最高。不难发现，在 MAPE 较高的 3 种模型中，其模型组合波段主要包含 B_3、B_4 和 B_5 波段。其中，B_3 波段位于 525～600nm 范围，是由于叶绿素、胡萝卜素弱吸收而产生的反射峰位置。B_4 波段位于 630～680nm 范围，是由于叶绿素的强烈吸收而出现的一反射谷位置。B_5 波段位于 845～885nm，处于近红外另外一个反射谷，它的加入也可以部分抵消水体后向散射的影响。但由于不同水域水体组成成分有差异，所呈现的光谱特征也往往不同，因此不同地区的模型组合方式并不相同。在模型方程的选择中，$(B_4+B_5)/B_3$ 模型的最优方程为一元二次方程，而 B_5/B_3、B_5/B_4 和 $B_3/(B_1+B_5)$ 模型的最优方程为指数方程。

在水体指数模型中，NDWI 和 EWI 模型的决定系数 R^2 值达到 0.7以上，平均相对误差 MAPE 分别达到 10.2%和 10.3%。相比于其他水体指数模型，稳定性较高。MNDWI 模型的决定系数 R^2 值也达到了 0.6721，但 MAPE 为 15.9%，其原因可能是镜泊湖水体组成成分与光学特性在时空分布上差异较大。当悬浮物在所选波段的吸收系数差异较大时，增加的 B_6 波段也可能给模型带来一定的干扰，从而无法达到改善模型的效果。NWI 模型的决定系数 R^2 值为 0.6724，MAPE 为 10.8%，与 EWI 模型较为接近。

在模型方程的选择中，MNDWI 模型的最优方程为一元二次方程，而 NDWI、EWI 和 NWI 模型的最优方程为指数方程。

表 6-4　水体指数模型拟合方程

反演模型	变量	模型方程	R^2 值	MAPE
波段组合	$(B_4+B_5)/B_3$	$y=100.15x^2-210.81x+111.8$	0.7694	13.8%
波段组合	B_5/B_3	$y=0.0317e^{11.083x}$	0.6969	10.0%
波段组合	B_5/B_4	$y=0.0388e^{8.2276x}$	0.6534	13.0%
波段组合	$B_3/(B_1+B_5)$	$y=5964.2e^{-7.058x}$	0.6832	15.5%
NDWI	$\frac{B_3-B_5}{B_3+B_5}$	$y=178.93e^{-9.869x}$	0.7004	10.2%
MNDWI	$\frac{B_3-B_6}{B_3+B_6}$	$y=29.732x^2-62.056x+31.996$	0.6721	15.9%
NWI	$\frac{B_1-(B_5+B_6+B_7)}{B_1+B_5+B_6+B_7}$	$y=0.6508e^{6.0993x}$	0.6724	10.8%
EWI	$\frac{B_3-B_5-B_6}{B_3+B_5+B_6}$	$y=22.265e^{-7.401x}$	0.7184	10.3%

6.4　镜泊湖富营养化状况分析

根据综合营养状态指数法 TLI($\sum$)中单一因子与水体富营养化状况的关系，利用公式(1-5)将上述模型所反演的叶绿素 a 浓度转化为 TLI 来评价镜泊湖水体的富营养状况。从图 6-33 中可以看出，在研究期间，镜泊湖水体富营养化状况在空间上存在一定的差异性。有研究表明，湖泊富营养化状况通常与湖泊不同区域的形态特征以及周边环境有关。

其中，南部地区湖心位置为研究时段内富营养化状况最低的水域，大部分处于贫营养状态。其主要原因可能是该部分水体深度较大，湖区营养盐在沉积物的吸附作用下，能较长一段时间内稳定在湖泊底部。但是，该部分营养盐会在风力和引潮力的扰动下，再次处于悬浮状态，并在沉积物与水体之间反复交换与运输，从而成为湖泊富营养化的内源（张路 等，2001）。另外，宽广的水面使得该地区受到两岸水生生物的影响较小。

镜泊湖属于河道型湖泊，北部湖区由于宽度较小，具有换水频率高、周期短等特点，因此北部湖区大部分处于中营养及贫营养状态，这与蔡阳等（2019）基于总氮、总磷和高锰酸钾指数的评价结果基本一致。但在小姜窑沟地区，由于湖水较浅，有利于湖底营养盐物质上泛，加之周边地区人类活动的影响，造成该地区已经处于富营养化状态。

本研究典型的富营养化湖区位于镜泊乡附近，这是由于该地区分布有较多的入湖支流，且支流两岸为该地区的主要农耕区，有机农药、化肥的使用将大量的 N、P 等营养元素通过河流携带注入湖泊，造成局部地区的水体营养指数偏高。另外，有研究表明，该地区湖区水体相对封闭，流速缓慢，受周围污染的水体很难得到及时的更新，有利于藻类上浮与扩散，这为水体局部地区富营养化创造了有利的条件。

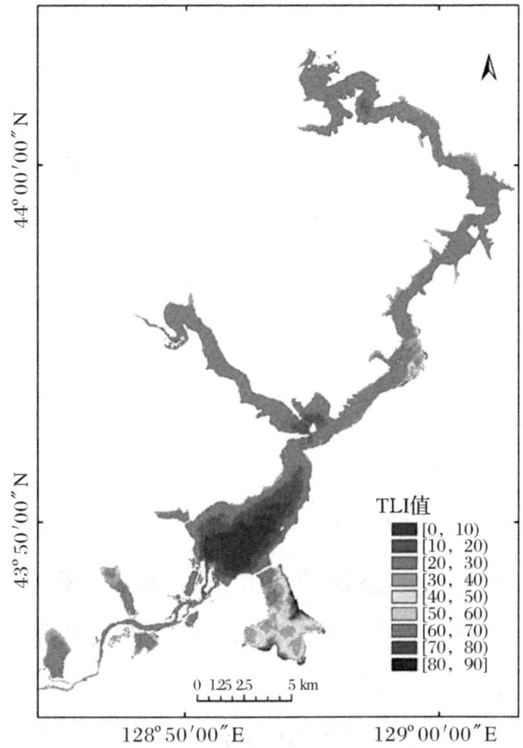

图 6-33　镜泊湖富营养化空间分布

参考文献

阿如娜，青松，包玉海，2018. 基于 Landsat-8 OLI 数据的乌梁素海总溶解性固体质量浓度遥感反演[J]. 灌溉排水学报，37(4)：99－105.

毕顺，李云梅，吕恒，等，2018. 基于 OLCI 数据的洱海叶绿素 a 浓度估算[J]. 湖泊科学，30(3)：701－712.

蔡阳，陆欣鑫，巴秋爽，等，2019. 镜泊湖春、夏两季浮游生物群落结构及其与环境因子的关系[J]. 海洋与湖沼，50(1)：116－128.

崔爱红，董广军，周亚文，等，2016. 水质关键因素光谱遥感监测技术分析[J]. 测绘科学，41(11)：61－65.

封红娥，李家国，朱云芳，等，2019. GF-1 与 Landsat 8 水体叶绿素 a 浓度协同反演：以太湖为例[J]. 国土资源遥感，31(4)：182－189.

顾万花，马蔚纯，周立国，等，2011. 基于 RVI 分区的淀山湖蓝藻暴发期叶绿素 a 的遥感估测[J]. 环境科学研究，24(6)：666－672.

胡尊英，于海燕，周斌，2009. MODIS 波段比值算法在太湖蓝藻水华预警及应急监测中的应用[J]. 湿地科学，7(2)：169－174.

黄昌春，李云梅，徐良将，等，2013. 内陆水体叶绿素反演模型普适性及其影响因素研究[J]. 环境科学，34(2)：525－531.

黄耀欢，江东，庄大方，等，2012. 汤逊湖水体叶绿素浓度遥感估测研究[J]. 自然灾害学报,21(2):215－222.

乐成峰,李云梅,孙德勇,等,2007. 基于季节分异的太湖叶绿素浓度反演模型研究[J]. 遥感学报(4):473－480.

李小文,2008. 遥感原理与应用[M]. 北京:科学出版社.

李云亮,张运林,李俊生,等,2009. 不同方法估算太湖叶绿素 a 浓度对比研究[J]. 环境科学,30(3):680－686.

刘振宇,崔廷伟,李佳,等,2018. 黄河口悬浮物浓度 Landsat 8 OLI 多波段反演研究[J]. 环境科学学报,38(4):1579－1585.

马万栋,王桥,吴传庆,等,2014. 基于反射峰面积的水体叶绿素遥感反演模拟研究[J]. 地球信息科学学报,16(6):965－970.

牛婷,陈丽,白泽龙,等,2021. 基于 Landsat-8 数据的博斯腾湖透明度反演[J]. 新疆环境保护,43(03):1－9.

任岩,张飞,周梅,等,2016. 基于 Landsat 8 影像的水体指数与地表水化学特征关系:以艾比湖流域为例[J]. 中国沙漠,36(5):1451－1462.

疏小舟,尹球,匡定波,2000. 内陆水体藻类叶绿素浓度与反射光谱特征的关系[J]. 遥感学报(1):41－45.

宋挺,周文鳞,刘军志,等,2017. 利用高光谱反演模型评估太湖水体叶绿素 a 浓度分布[J]. 环境科学学报,37(3):888－899.

孙喆,罗菊花,杨井志成,等,2020. 越南东部近岸区域水产养殖塘分布及其对近海水体中叶绿素 a 质量浓度的影响[J]. 湿地科学,18(2):207－218.

王金梁,秦其明,李军,等,2014. 基于高光谱数据的水体叶绿素 a 指数反演模型的建立[J]. 农业工程学报,30(3):128－134.

王小平,张飞,ABDUWASIT G,等,2017. 艾比湖流域地表水水质指标与水体指数关系研究[J]. 环境科学学报,37(3):900－909.

吴传庆,盖嘉翔,王桥,等,2011. 湖泊富营养化遥感评价模型的建立方法[J]. 中国环境监测,27(5):77－82.

吴欢欢，国巧真，臧金龙，等，2021. 基于 Landsat 8 与实测数据的水质参数反演研究[J]. 遥感技术与应用，36(4)：898 - 907.

项雅波，张春萍，武治国，等，2022. 基于 Landsat 8 数据的沙湖叶绿素 a 反演研究[J]. 国土与自然资源研究(1)：88 - 91.

解学通，吴志峰，王婧，等，2016. 结合实测光谱数据的珠江口水质遥感监测[J]. 广州大学学报(自然科学版)，15(4)：73 - 78.

杨煜，李云梅，王桥，等，2009. 富营养化的太湖水体叶绿素 a 浓度模型反演[J]. 地球信息科学学报，11(5)：5597 - 5603.

杨煜，李云梅，王桥，等，2010. 基于环境一号卫星高光谱遥感数据的巢湖水体叶绿素 a 浓度反演[J]. 湖泊科学，22(4)：495 - 503.

岳昂，戢运峰，刘红磊，等，2019. 基于 Landsat 8 影像的于桥水库藻华分布反演及其影响因素分析[J]. 安全与环境学报，19(4)：1448 - 1455.

岳程鹏，李兴，包龙山，等，2020. 基于 Landsat8 OLI 遥感数据反演乌梁素海浮游植物生物量[J]. 灌溉排水学报，39(8)：122 - 128.

张红，黄勇，2009. 基于 NOAA/AVHRR 卫星资料的巢湖水华规律分析[J]. 中国环境科学，29(7)：727 - 732.

张路，范成新，秦伯强，等，2001. 模拟扰动条件下太湖表层沉积物磷行为的研究[J]. 湖泊科学(1)：35 - 42.

张荣荣，彭建，程启鹏，等，2018. 琅琊山风景区水体叶绿素 a 浓度遥感估测研究[J]. 黑龙江工程学院学报，32(4)：21 - 26.

张渊智，聂跃平，蔺启忠，等，2000. 表面水质遥感监测研究[J]. 遥感技术与应用(4)：214 - 219.

周琳，马荣华，段洪涛，等，2011. 浑浊Ⅱ类水体叶绿素 a 浓度遥感反演(Ⅰ)：模型的选择[J]. 红外与毫米波学报，30(6)：531 - 536.

ADLER-GOLDEN S, BERK A, BERNSTEIN L, et al, 1998. FLAASH, a MOIDTRAN4 atmospheric correction package for hyperspectral data retrievals and simulations in Proc. 7th Ann

[M]. Pasadena:JPL Publication.

BABAN S M J, 1993. Detecting water quality parameters in the Norfolk Broads, U. K. using landsat imagery [J]. International Journal of Remote Sensing,14(7):1247 - 1267.

BABIN M,2008 . Phytoplankton fluorescence: Theory,current literature and in situ measurement[J]. Oceanographic Methodology.

BIDIGARE R R,ONDRUSEK M E,MORROWJ H,et al,1990. In vivo absorption properties of algal pigments[J]. Proc. SPIE,1302: 290 - 302.

CARDER K L,HAWES S K,BAKER K A,et al,1991. Reflectance model for quantifying chlorophyll-a in the presence of productivity degradation products[J]. Geophys Res,96:20599 - 20611.

CARPENTER D J,CARPENTER S M,1983. Modeling inland water quality using landsat data[J]. Remote Sensing of Environment,13: 345 - 352.

DALL' OLMO G,GITELSON A A,2005. Effect of bio-optical parameter variability on the remote estimation of chlorophyll-a concentration in turbid productive water: Experimental results [J]. Applied Optics, 44(3):412 - 422.

DALL' OLMO G, GITELSON A A, RUNDQUIST D C, 2003. Towards a unified approach for remote estimation of chlorophyll-a in both terrestrial vegetation and turbid productive waters [J]. Geophysical Research Letters,30(18):1983 - 1941.

DARECKI M,STRAMSKI D,2004. An evaluation of MODIS and sea WiFS bio-optical algorithms in the Baltic Sea[J]. Remote Sensing of Environment,89(3):326 - 350.

DEKKER A G, PETERS S W, 1993. The use of the Thematic

Mapper for the analysis of eutrophic lakes: A case study in the Netherlands[J]. Remote Sensing,14:799 - 822.

DESIDERIO R A, 2000. Application of the raman scattering coefficient of water to calculations in marine optics[J]. Opt, 39: 1893 - 1894.

DOERFFER R, FISHCHER J, 1994. Concentrations of chlorophyll, suspended matter and gelbstoff in case II waters derived from satellite coastal zone color scanner data with invelrse modeling methods[J]. Journal of Geophysical Research,99(C4):7457 - 7466.

FORGET P, BROEHE P, NAUDIN J, 2001. Reflectance sensitivity to solid suspended sediment stratification in coastal water and inversion: A case study[J]. Remote Sensing of Environment,77:92 - 103.

GITELSON A A,1992. The peak near 700 nm on radiance spectra of algae and water-relationships of its magnitude and position with chlorophyll concentration [J]. International Journal of Remote Sensing,13(17):3367 - 3373.

GITELSON A A, DALL'OLMO G, MOSES W, et al, 2008. A simple semi-analytical model for remote estimation of chlorophyll-a in turbid waters: Validation[J]. Rem Sens Environ,112(9):3582 - 3593.

GITELSON A A, GRITZ Y, 2003. Relationships between leaf chlorophyll content and spectral reflectance and algorithms for nondestructive chlorophyll assessment in higher plant leaves[J]. Journal of Plant Physiology,160(3):271 - 282.

GOWER J F R,BORSTAD G A,1990. Mapping of phytoplankton by solar stimulated fluorescence using an imaging[J]. Spectrometer International Journal of Remote Sensing,11:313 - 320.

GOWER J F R, 1980. Observations of in-situ fluorescence of

chlorophyll-a in Saanich Inlet[J]. Boundary-layer Meteorology, 18(3):235 - 245.

HASSANI M, CHABOU M C, HAMOUDI M, et al, 2015. Index of extraction of water surfaces from Landsat 7 ETM+ images[J]. Arabian Journal of Geosciences, 8(6):3381 - 3389.

HOGE F E, WRIGHT C W, KRABILL W B, et al, 1988. Airborne lidar detection of subsurface oceanic scattering layers[J]. Appl. Opt, 27:3969 - 3977.

IOCCG, 2000. Remote sensing of ocean colour in coastal, and other optically-complex, waters[M]. Dartmouth: IOCCG.

JONASZ M, FOURNIER G R, 2007 . Measurements of light scattering by particles in water science direct[J]. Light Scattering by Particles in Water(10):145 - 265.

KALLIO K, ATTILA J, HÄRMÄ P, et al, 2008. Landsat ETM+ images in the estimation of seasonal lake water quality in boreal river basins[J]. J Environ Manage, 42(3):511 - 522.

KAUFMAN Y J, WALD A E, REMER L A, et al, 1997. The MODIS 2. 1-um channel-correlation with visible reflectance for use in remote sensing of aerosol[J]. Geoscience and Remote Sensing, 35:12.

KAUFMAN Y J, TANRE D, REMER L A, et al, 1997. Operational remote sensing of tropospheric aerosol over land from EOS moderate resolution imaging spectroradiometer [J]. Journal of Geolohysical Research-Atmospheres, 102(D14):17051 - 17067.

KIRK J T O, 1994 . Light and photosynthesis in acquatic ecosystems [M]. Cambridge: Cambridge University Press.

LE C F, LI Y M, ZHA Y, et al. 2009. A four-band semi-analytical model for estimating chlorophyll a in highly turbid lake: The case of Taihu Lake, China[J]. Remote Sensing of Environment, 113(6): 1175 - 1182.

LIANG S L, FANG H L, MORISETTE J T, et al, 2002. Atmospheric correction of landsat ETM plus land surface imagery-Part II: Validation and applications[J]. IEEE Transactions on Geoscience and Remote Sensing, 40(12): 2736 - 2746.

LIANG S L, FALLASH-ADL H, KALLURI S, et al, 1997. An operational atmospheric correction algorithm for landsat thematic mapper imagery over the land[J]. Journal of Geophysical Research Atmospheres, 40: 2736 - 2746.

LIANG S L, ZHONG B, FANG H L, 2006. Improved estimation of aerosol optical depth from MODIS imagery over land surfaces[J]. Remote Sensing of Environment, 104(4): 416 - 425.

LYU H, LI X, WANG Y, et al, 2015. Evaluation of chlorophyll a retrieval algorithms based on MERIS bands for optically varying eutrophic inland lakes[J]. Science of the Total Environment, 530: 373 - 382.

MALAHLELA O E, OLIPHANT T, 2018. Mapping chlorophyll-a concentrations in a cyanobacteria- and algae impacted Vaal Dam using Landsat 8 OLI data[J]. S Afr J Sci, 114(10): 64 - 72.

MARTONCHIK J V, DINER DJ, KAHN R, et al, 2004. Comparison of MISR and AERONET aerosol optical depths over desert sites [J]. Geophysical Research Letters, 31(16): L16102.

MATUS-HERNÁNDEZ M Á, HERNÁNDEZ-SAAVEDRA N Y, MARTÍNEZ-RINCÓN R O, et al, 2018. Predictive performance of regression models to estimate chlorophyll-a concentration based on landsat imagery[J]. PLoS ONE,13(10):e0205682.

MISHRA S,MISHRA D R,2012. Normalized difference chlorophyll index: A novel model for remote estimation of chlorophyll-a concentration in turbid productive waters[J]. Remote Sensing of Environment,117(15):394 - 406.

MOBLEY C D, 1994. Light and water[M]. San Diego: Academic Press.

MOSES W J, GITELSON A A, BERDNIKOV S, et al, 2009. Estimation of chlorophyll-a concentration in case II waters using MODIS and MERIS data—successes and challenges[J]. Environ Res Letters,4(4):89.

OGASHAWARA I,MISHRA D R,GITELSON A A,2017. Remote sensing of inland waters: Background and current state-of-the-art [M]. Amsterdam:Elsevier.

O'REILLY J E,MARITORENA S,MITCHELL B G,et al,1998. Ocean color chlorophyll algorithms for sea wifs[J]. Journal of Geophysical Research,103(C11):24937 - 24953.

PAERL H W, HUISMAN J, 2009. Climate change: A catalyst for global expansion of harmful cyanobacteria blooms [J]. Environmental Microbiology Reports,1(1):27 - 37.

QUAC,2009. Atmospheric correction module: QUAC and FLAASH user's guide[J]. Module Version,4:1 - 44.

RICHTER R, SCHLAPFER D, MULLER A, 2006. An automatic atmospheric correction algorithm for visible/NIR imagery [J]. International Journal of Remote Sensing,27(9 - 10):2077 - 2085.

RICHTER R, 2010a. ATCOR-2/3 user guide version 7. 1. DLR-German aerospace center remote sensing data center [Z].

Wessling, Germany: DLR.

RICHTER R, 2010b. ATCOR-4 user guide version 5. 1. DLR-German aerospace center remote sensing data center [Z]. Wessling, Germany: DLR.

RITCHIE J C, COOPER C M, JIANG Y Q, 1987. Using landsat Multi spectral scanner data to estimate suspended sediments in Moon Lake, Mississippi [J]. Remote sensing of Environment, 23 (1): 65 – 81.

ROESLER C S, ZANEVELD J R V, 1994. High-resolution vertical profiles of spectral absorption, attenuation, and scattering coefficients in highly stratified waters [C]//Ocean optics XII, Bergen, Norway.

ROWAN K S, 1989. Photosynthetic pigments of algae [M]. Cambridge: Cambridge University Press.

RUNDQUIST D C, HAN L, SCHALLES J F, et al, 1996. Remote measurement of algal chlorophyll in surface waters: The case for the first derivative of reflectance near 690nm[J]. Photogram Eng. Remote Sens, 62: 195 – 200.

SANTER R, CARRERE V, DUBUISSON P, et al, 1999. Atmospheric correction overland for MERIS [J]. International Journal of Remote Sensing, 20(9): 1819 – 1840.

SIEGEL D A, WANG M, MARITORENA S, et al, 2000. Atmospheric correction of satellite ocean color imagery: The black pixel assumption[J]. Applied Optics, 39(21): 3582 – 3591.

SULLIVAN J M. TWARDOWSKI M S, 2009. Angular shape of the oceanic particulate volume scattering function in the back-ward direction[J]. Appl. Opt, 48(35): 6811 – 6819.

TASSAN S, 1994. Local algorithms using Sea WiFS data for the retrieval of phytoplankton, pigments, suspended sediment, and yellow substance in coastal waters[J]. Applied Optics, 33(12): 2369 - 2378.

TIAN X, LIU S, SUN L, et al, 2018. Retrieval of aerosol optical depth in the arid or semiarid region of northern Xinjiang, China [J]. Remote Sensing, 10(2): 197.

TORBICK N, CORBIERE M, 2015. A multiscale mapping assessment of Lake Champlain cyanobacteria harmful algal blooms[J]. Int J Environ Res Pub Health, 12(9): 11560 - 11578.

VERMOTE E F, SALEOUS N Z E, JUSTICE C O, 2002. Atmospheric correction of MODIS data in the visible to middle infrared: First results [J]. Remote Sensing of Environment, 83(1/2): 15.

VERMOTE E F, ROGER J C, SINYUK A, et al, 2007. Fusion of MODIS-MISR aerosol inversion for estimation of aerosol absorption [J]. Remote Sensing of Environment, 107(1 - 2): 81 - 89.

VOS W, DONZE M, BUITEVELD H, 1986. On the reflectance spectrum of algae in water: The nature of the peak at 700 nm and its shift with varying algal concentration[Z]. Delft University of Technology, Faculty of Civil Engineering.

WANG M, SHI W, 2007. The NIR-SWIR combined atmospheric correction approach for MODIS ocean color data processing[J]. Opt. Express, 15: 15722 - 15733.

WANG M, MARITORENA S, ROBINSON W, 2000. Atmospheric correction of satellite ocean color imagery: The black pixel assumption [J]. Applied Optics, 39(21): 3582 - 3591.

WANG M, 2010. Atmospheric correction for remotely-sensed ocean.

Colour products[Z]. Reports and Monographs of the International Ocean—Colour Coordinating Group(IOCCG).

YIN G, MARIETHOZ G, MCCABE M F, 2016. Gap-filling of Landsat 7 imagery using the direct sampling method[J]. Rem Sens,9(1):12 - 20.

ZHAO D,XING X,LIU Y,et al,2010. The relation of chlorophyll-a concentration with the reflectance peak near 700 nm in algae-dominated waters and sensitivity of fluorescence algorithms for detecting algal bloom[J]. International Journal of Remote Sensing, 31(1):39 - 48.